我的动物朋友

罗 振◉编著

空中天使的对话

★ ★ ★ ★ ★

体验自然，探索世界，关爱生命——我们要与那些
野生的动物交流，用我们的语言、行动、爱心去关怀理
解并尊重它们。

延边大学出版社

图书在版编目（CIP）数据

空中天使的对话/罗振编著.—延吉:延边大学
出版社、2013.4（2021.8重印）
　（我的动物朋友）
　ISBN 978-7-5634-5542-3

　Ⅰ.①空…　Ⅱ.①罗…　Ⅲ.①鸟类—青年读物 ②鸟类
—少年读物　Ⅳ.① Q959.7-49

中国版本图书馆 CIP 数据核字 (2013) 第 087035 号

空中天使的对话

编著：罗振
责任编辑：孙淑芹
封面设计：映像视觉
出版发行：延边大学出版社
社址：吉林省延吉市公园路 977 号　邮编：133002
电话：0433-2732435 传真：0433-2732434
网址：http://www.ydcbs.com
印刷：三河市祥达印刷包装有限公司
开本：16K　165×230
印张：12 印张
字数：120 千字
版次：2013 年 4 月第 1 版
印次：2021 年 8 月第 3 次印刷
书号：ISBN 978-7-5634-5542-3
定价：36.00 元

版权所有　侵权必究　印装有误　随时调换

前　言

　　人类生活的蓝色家园是生机盎然、充满活力的。在地球上，除了最高级的灵长类——人类以外，还有许许多多的动物伙伴。它们当中有的庞大、有的弱小，有的凶猛、有的友善，有的奔跑如飞、有的缓慢蠕动，有的展翅翱翔、有的自由游弋……它们的足迹遍布地球上所有的大陆和海洋。和人类一样，它们面对着适者生存的残酷，也享受着七彩生活的美好，它们都在以自己独特的方式演绎着生命的传奇。

　　在动物界，人们经常用"朝生暮死"的蜉蝣来比喻生命的短暂与易逝。因此，野生动物从不"迷惘"，也不会"抱怨"，只会按照自然的安排去走完自己的生命历程，它们的终极目标只有一个——使自己的基因更好地传承下去。在这一目标的推动下，动物们充分利用了自己的"天赋异禀"，并逐步进化成了异彩纷呈的生命特质。由此，我们才能看到那令人叹为观止的各种"武器"、本领、习性、繁殖策略等。

　　例如，为了保住性命，很多种蜥蜴不惜"丢车保帅"，进化出了断尾逃生的绝技；杜鹃既不孵卵也不育雏，而采用"偷梁换柱"之计，将卵产在画眉、莺等的巢中，让这些无辜的鸟儿白费心血养育异类；有一种鱼叫七鳃鳗，长大后便用尖利的牙齿和强有力的吸盘吸附在其他大鱼身上，靠摄取寄主的血液完成从变形到产卵的全过程；非洲和中南美洲的行军蚁能结成多达1000万只的庞大群体，靠集体的力量横扫一切……由此说来，所谓的狼的"阴险"、毒蛇的恐怖、鲨鱼的"凶残"，乃至老鼠令人头疼的高繁殖率、蚊子令人讨厌的吸血性等，都只是自然赋予它们的一种独特适应性而已，都是它们的生存之道。人是智慧而强有力的动物，但也只是自然界的一份子，我们应该用平等的眼光去看待自然界中的一切生灵，而不应时刻把自己当成所谓的万物的主宰。

人和动物天生就是好朋友，人类对其他生命形式的亲近感是一种与生俱来的天性，只不过许多人的这种亲近感被现实生活逐渐磨蚀或掩盖掉了。但也有越来越多的人，在现实生活的压力和纷扰下，渐渐觉得从动物身上更能寻求到心灵的慰藉乃至生命的意义。狗的忠诚、猫的温顺会令他们快乐并身心放松；而野生动物身上所散发出的野性特质及不可思议的本能，则令他们着迷甚至肃然起敬。

衷心希望本书的出版能让越来越多的人更了解动物，更尊重生命，继而去充分体味人与自然和谐相处的奇妙感受。并唤起读者保护动物的意识，积极地与危害野生动物的行为作斗争，保护人类和野生动物赖以生存的地球，为野生动物保留一个自由自在的家园。

编　者

2012.9

空中天使的对话

目 录

I

第六章　异彩纷呈——其他鸟类家族

第一章

涉鸟类包括鹤、鹭、鹳三类。这些湿地鸟类喜欢在水边生活，不过，它们可不像游禽那样善于游泳，有些甚至根本不会游泳。它们主要在水中"漫步"——涉水活动。它们最大的特征就是"三长"——腿长、颈长、嘴长，很适合在茂密的水草中行走、取食和瞭望周围，远远望去，就像是个优雅的舞者。

鸟类明珠——朱鹮

中文名: 朱鹮

英文名: RestedIbis

别称: 朱鹭、日本风头鹮、朱脸鹮鹤

分布区域: 日本、俄罗斯、朝鲜、中国

朱鹮又称朱鹭、红鹤。在动物分类学上属于脊椎动物,鸟纲,鹳形目,鹮科。朱鹮身长60～80厘米,体重1.5～2千克,为中等体型的涉禽。

朱鹮个头中型,体型肥胖,外表美丽,被称为东方鸟类的明珠。远望朱鹮,它的体羽为白色,等到走近仔细观看,才发现朱鹮体羽中的羽干、羽基及翅膀边缘的飞羽都略微呈现出淡淡的粉红色,而初级飞羽呈现出鲜艳的粉红色,闪烁着晚霞般美丽的光辉。朱鹮的额顶和面颊无毛,为朱红色,都裸

露着。朱鹮长长的黑色喙微向下弯曲，喙尖为朱红色。后枕部长着十几根冠羽，冠羽呈柳叶形，长而下披，一直垂到后背，别有一番韵味。朱鹮长有橘红色的腿和脚，颜色和它头部的朱红色遥相呼应。朱鹮有淡红色的虹膜，全身颜色以红色为主，深浅不一，就像化妆师精心装扮的披着头纱的俏丽新娘，是人们眼中的吉祥、喜庆之鸟。

朱鹮栖息在沼泽、水田、河滩、溪流附近，多为群体活动，它们互相之间团结友爱，和睦相处，夜晚在高大的树上栖宿过夜。朱鹮休息的时候，常呈"金鸡独立"的姿势，并且转动它那长度适中的颈部把喙插入背部的羽毛中，像是盘头养神，又像在向人们展示它那美丽的冠羽。朱鹮只有在白天才共同外出觅食，主要到水田、河溪、沼泽地中，以鱼、虾、泥鳅、青蛙以及软体动物为食。它尤其喜欢吃泥鳅。

在每年的早春二月，朱鹮成双成对飞回繁殖地。要做的第一件事就是占领地盘，然后选择高大的树木；或者是高大的白杨树；或是松树；或是栗树；或是高大的青冈树，在距离地面10～20米左右的粗树枝上，早出晚归，叼材建巢。在建巢的过程中，它们经常遭到邻居比如喜鹊等其他鸟类的捣乱。它们只好一边产卵，一边补建巢穴，一直到所有的卵都孵化成雏鸟为止。

朱鹮一般每窝产卵2～4枚，每年产一窝。卵呈青绿色或蓝灰色，上面带有褐色的斑点，有鸭蛋般大小，卵的重量为60～75克。雌雄鸟一般轮流共同孵卵，经过近一个月的孵化，小朱鹮一只只出世了。幼雏绒羽为淡灰色，腿呈橘红色。幼雏为晚成鸟，不能独立生活，必须由双亲进行育雏。人们观察到小朱鹮的亲鸟将稻田里的泥鳅、水中的小鱼、青蛙、甲壳类动物以及昆虫，吞进食道的夹袋里，然后制成半流食，再飞回巢边。喂食时，亲鸟把嘴张开，先让最先出壳的雏鸟把喙伸进夹袋里掏食，然后再给第二个出壳的雏鸟喂食，然后是第三只……雏鸟吃饱了，就会把头低下。亲鸟每次喂食都严格按照这个顺序进行。如果一窝雏鸟数量较多，那么轮到最后一只雏鸟吃食的时候，亲鸟夹袋里的食物已经被前面的雏鸟吃光了。这样下来后面的雏鸟因为没有食物吃，身体会逐渐瘦弱下来，最后被弃之巢外。所以一般情况下，根据亲鸟的喂养能力，喂养2个雏鸟是理想的，喂养3只就吃力了。

红衣天使——火烈鸟

中文名：火烈鸟

英文名：Flamingo

别称：大红鹳、红鹤

分布区域：地中海沿岸、印度西北部、非洲

　　火烈鸟，顾名思义，就是因为其全身为火红色而得名。它是鹳形目红鹳科红鹳属的一种，主要分布在地中海沿岸地区，东到印度西北部，南抵非洲一带。此外，在西印度群岛也有少数火烈鸟分布。

火烈鸟又称红鹳，个头大小与鹳相似，嘴短而厚，上嘴从中部开始下弯，下嘴较大，成槽状，脖颈很长，呈S形弯曲。火烈鸟的脚很长，裸露在外，向前的3趾间长有蹼，后趾较前肢短小，不着地。火烈鸟的翅膀大小适中，尾巴较短小，全身上的羽毛白中带有玫瑰色，覆羽呈现深红色，各种颜色交相辉映，非常艳丽。因此，人们把火烈鸟称为"礼仪小姐"，它是世界上稀有的珍禽。

火烈鸟与其他鸟类有所不同，在飞行前，它们必须先经过一段时间的助跑才能够拥有起飞时所需的动力。

火烈鸟主要生活在咸水湖沼泽地带和一些泻湖，主要以滤食藻类和浮游生物为生。火烈鸟依赖这些咸水湖生活，并且对湖泊的水情变化极为敏感。当雨水较多，湖水猛涨时，湖中的盐分就会得以稀释，水藻单位含量就会相应减少；而当天旱少雨，湖水水平面降低时，湖中的含盐量就会剧增，这两种情况都不利于水藻的繁衍。所以，无论出现哪一种情况，对火烈鸟来说都是一种威胁，最后它们只好集体迁徙。严格说来，火烈鸟并不是真正的候鸟，它们只有在食物短缺或是环境突变的时候才会迁徙，而且迁徙活动一般会在夜间进行。它们白天之所以会以很高的飞行高度飞行，其目的是避开猛禽类的袭击。迁徙中的火烈鸟每晚以50～60千米的时速可飞行600千米。

全世界的火烈鸟共有三属，分别是大火烈鸟、小火烈鸟和阿根廷火烈鸟，其中人们最熟悉的就是大火烈鸟了。大火烈鸟因一身的红色皮肤以及白色羽毛中带着鲜艳的红色而闻名。大火烈鸟分布在美洲的大西洋海岸及墨西哥湾沿海，小火烈鸟分布在非洲东部和南部、印度西北部、马达加斯加岛等地，而在非洲的小火烈鸟群是当今世界上最大的鸟群。它们嘴短而厚，上嘴很长，中部突向下弯，下嘴较大成槽状，弯曲部分是黑色，其余部分是红色；曲颈长腿，腿黑色，向前的三趾间有蹼，后趾短小；白而带玫瑰色的体羽，黑色的飞羽，搭配协调，非常艳丽。大火烈鸟的羽毛原本是白色的，由于它们的主要食物是螺旋藻，螺旋藻中除含有大量蛋白质外，还含有一种特殊的叶红素，时间一长，这种叶红素便在火烈鸟的体内沉积，火烈鸟的鲜艳红色便由此产生。因此，年龄越大的火烈鸟颜色越鲜艳，年纪越轻的火烈鸟颜色越淡。它们是群体性动物，往往在同一区域千百成群。

　　非洲的纳古鲁湖被称为"火烈鸟的天堂"。湖水上总是浮动着一条条红色的彩练，如落英逐水，朝霞映池。远远望去，火烈鸟周身红得就像一团烈火，两腿则红得就像炽燃的两根火炷，一旦成千上万只火烈鸟积聚在一起，湖水被映照得通体红透，酷似火海上的云蒸霞蔚。

鹤中公主——丹顶鹤

中文名：丹顶鹤

英文名：Crane

别称：仙鹤

分布区域：亚洲、非洲、澳大利亚、北美

丹顶鹤也叫仙鹤，是世界著名的珍贵鸟类，是鹤类中的代表，也是鸟类中的贵族。它们形态优美，全身的每个部分都极为匀称修长，无论是飞翔、跳跃，还是行走、站立，它的仪态始终高雅非凡。丹顶鹤以"三高"著称，即喙、颈、腿都很长，当它们直立起来的时候，可达1米。丹顶鹤全身羽毛洁白，喉部、脸颊呈暗褐色，头顶则显现出朱红色，犹如戴了一顶小红帽，因此得名。丹顶鹤的幼雏没有丹顶，只有达到性成熟后，丹顶才会出现。

丹顶鹤鸣叫时的声音非常响亮，并伴有回音，这是因为它的气管比脖子长，就像弯曲的喇叭管一样。早在《诗经》中就有这样的记述："鹤鸣于九霄，声闻于天。"除了它的鸣叫声洪亮之外，它们的飞行能力也很强，在飞行的时候，它们会排成"人"字形，头颈和脚伸展并且对称。

丹顶鹤的主要食物是鱼、虫、虾、蛇等，有时候也会食用一些水草来充饥，夏季的时候经常捕食蝗虫。每年4月份是丹顶鹤选取"人生伴侣"的时候，每天早上或者黄昏时分，经常能听见它们发出的求偶声，十分响亮且连续不断。雄鹤主动求爱，引颈耸翅，"咯—咯—咯"地叫个不停，雌鹤则在一旁翩翩起舞，以"咯啊—咯啊—咯啊"的声音来回应雄鹤的求爱。就这样双

方在对歌对舞之后一旦产生爱情，便结为"夫妻"，相伴终生，倘若其中有一方提前死去，那么另一只不会另娶或者另嫁，直到终老。可见，它们是一种非常痴情的鸟类。

丹顶鹤是一种典型的候鸟。每年的10～11月，丹顶鹤就会飞向南方，在长江中下游的江苏、浙江、安徽等地度过冬季。每年早春，北国积雪尚未全消的时候，丹顶鹤就已从南方飞来了。丹顶鹤繁殖在东北亚，我国东北地区是它的大本营，绝大多数在黑龙江境内。在1975～1976年的野生动物资源调查时，把丹顶鹤数量的调查作为重点项目，调查结果，全省共有1310只，被列为我国的一级保护动物。除中国的动物园外，1980年统计数据国外有20家动物园共饲养75只丹顶鹤。

白衣天使——白鹤

中文名：白鹤

英文名：Siberian Crane

别称：西伯利亚鹤、黑袖鹤

分布区域：西伯利亚；中国东北到长江中下游、沿海以及新疆

　　白鹤在鹤类家族中是最漂亮的一种。白鹤个体比较大，体重约6千克，全身披着洁白光亮的羽毛，头的前半部和两条修长的腿是红色，银装素裹，亭亭玉立，显得格外娇秀。它那流线形的身躯和昂首漫步的举止，更是风度

翩翩，潇洒妩媚。当它们伸展开双翅在天空翱翔的时候，可以看到它的翅尖是黑色的。因此，当地人们又形象地叫它黑袖鹤。它美丽动人的形象，就像是美丽的仙子，所以人们常用绘画、雕塑、歌声来描绘它，赞美它，把它看成高洁、长寿和吉祥的象征。

白鹤生活在沼泽地，繁殖期间的主要食物是小鱼、软体动物和水生植物。越冬期间完全是素食，光吃水生植物的根芽。

白鹤的越冬地在处于温带、亚热带的中国、印度、伊朗。中国科学院动物研究所的科学工作者用了8年的时间，行程4万多千米做的调查，确定了白鹤在中国越冬的准确地理位置是在江西的鄱阳湖，而且证实了白鹤主要的越冬栖息地是在中国。白鹤每年都要随季节变化迁飞，迁飞时很有秩序，常常排成一字形或人字形队伍，边飞边鸣叫。曾经有人看见白鹤飞越世界屋脊——珠穆朗玛峰的壮观场面，说明白鹤可以飞越近9000米的高度，这在鸟类中是少见的。

白鹤飞到越冬地后，过着群居生活，常常几十只或几百只聚在一起。形影不离的白鹤家庭是组成鹤群的基本单位，而一个白鹤家庭是由"爸爸""妈妈"和一个"孩子"组成的，很少见到有2个"孩子"的家庭，还有的家庭没有孩子。说明孵出来的小鹤不能完全成活。生活在大自然里，它们要面临许多威胁。白鹤赖以生存的沼泽湿地也不断地被侵占和破坏，水还会遭受污染，环境日趋恶劣，使得白鹤家庭不能兴旺发达。

贵州之冠——东非冕鹤

中文名：东非冕鹤

英文名：Grey crowned crane

别称：东非冠鹤、灰冠鹤

分布区域：非洲的乌干达、刚果、肯尼亚、坦桑尼亚、莫桑比克、安哥拉、南非

　　东非冕鹤在非洲有着相当高的地位，关于它的传说和故事在非洲大地上广为流传。最著名的一个是关于东非冕鹤头上冠冕由来的故事。据说，古代的一位国王在微服私访的时候，迷路于沙漠之中，水和干粮已经没有了。在生死攸关之际，沙漠中来了一群鹤，它们引导着这位国王找到了绿洲。获救的国王为了答谢鹤的救命之恩，他向所有的子民宣布将自己的金王冠赐给鹤并亲自戴在它的头上，为了避免贪心的人对鹤实施杀戮，国王花重金聘请巫师，将鹤头上的金冠变成羽冠，于是便有了东非冕鹤今天的样子。

　　东非冕鹤有着非常漂亮的羽色，而且雄鸟和雌鸟的羽色非常相似，全身都呈现深浅不同的蓝灰色，翅膀上有白色的覆羽和栗色的飞羽，光华熠熠。东非冕鹤的头部有着一种楚楚动人的神韵，清癯的双颊上面是小块红色、下面为大块白色的斑块，以及一对炯炯有神的小圆眼睛，喉下悬垂着两个红色的大肉垂。额部外凸，上面有乌黑色绒毛，像覆盖着一块乌黑的绒缎，柔软光洁，头的后部则由土黄色羽丝向四周呈放射状分布着，像一顶丝毛织成的锦冠，闪耀着金光，自有一种高贵的气质。

　　东非冕鹤白天活动，经常出现在田埂上、水田里、水沟边、草地上，偶

尔也会飞到附近居民的院子里觅食、嬉戏。东非冕鹤主要以鱼、昆虫、蛙等小型水生动物和各种植物嫩芽为食。觅食从清晨开始，一般是在沼泽地和湿地里面。在旱季的时候，它们也在干燥地带觅食。觅食时成群结队，最大的群体达40多只。群体中包括成年东非冕鹤和亚成年东非冕鹤，进食的时候，它们总是聚集在一处，相处和谐。有时候，一个大群中又有多个小群，小群中的个体通过声音和视线保持相互交流。

东非冕鹤在东非名气之大，不仅是因为它有美丽端庄的体态、能歌善舞的天性，更因为它有忠贞不渝的爱情品格，得到了当地人的喜爱和崇敬。东非冕鹤的繁殖期为每年9月至第二年的3月。巢营于沼泽地或树顶上，每窝产2~3枚卵，孵化期为26~31天。雏鸟出壳两个月后，就可长到和成鸟一样大。

东非冕鹤生性活泼，有着优美的舞姿，在鸟类王国中算得上是顶尖的舞蹈家。它们时而成双结对地跳舞，时而围成一圈跳集体舞。尤其是跳集体舞的时候，舞蹈开始前先文雅地相互鞠躬，然后双翅微舒，双足轻挪，不断曲伸长颈，动作优雅，变化多样。东非冕鹤在鸣叫的时候也有自己的规律性。动物学家观察发现，它们的鸣叫时间一般集中在黎明、中午和子夜时分，叫声轻柔舒缓，悦耳动听。因此，在东非冕鹤集中的地方，农民将它们的叫声作为生物钟。

红腿之鸟——白鹳

中文名：白鹳

英文名：White stork

别称：老鹳

分布区域：欧洲、非洲西北部、亚洲西南部和非洲南部

　　白鹳在分类学上属于鹳形目，鹳科，鹳属。白鹳又称老鹳，为大型涉禽类。一般指生活在水边或沼泽地带，不会游泳的鸟类。

　　白鹳体长约120厘米，体重约4千克。这些数据足以说明白鹳的个子很高，是体型硕大的鸟类。它的头部和背部的羽毛为纯白色，它的尾羽和翅膀边缘

的羽毛为黑色，黑得闪光发亮。白鹳的喙和腿都很长。我国的白鹳喙是黑色的，而欧洲的白鹳喙是红色的，扁圆锥形的长喙啄起食物来又准又有力。白鹳那双长长的双腿呈粉红色或者暗红色，好像是穿了一双高筒丝袜。白鹳双眼周围裸露无毛的部分呈现红色，好似描了红眼圈似的，与它那红色的"高筒丝袜"相呼应，再加上黑白分明的体羽，显得风度翩翩，威风凛凛。

　　白鹳喜欢栖息在僻静的靠近树林的开阔沼泽地区，主要啄食鱼类。在水边，白鹳把颈缩成"S"形，看似在若无其事地休息，其实它们是在等待食物自己送上门来，好来个"姜太公钓鱼"，因此人们又把白鹳称为"老等"。除了鱼类，白鹳爱吃的东西还有许多，比如蛙、蚯蚓、昆虫、蛇、蜥蜴等都是白鹳可口的美味。有文字记载，白鹳还特别能吃蝗虫。发生了蝗灾的地方，都会发现有成群的白鹳在那里，勇敢、迅速地捕食蝗虫。即使它们吃饱了，也要将剩下的蝗虫啄碎处死。所以白鹳在消灭害虫方面，为人们帮了大忙。白鹳在吃蛇的时候，充分显示了它的机敏，它先正面避开蛇的头部和其他危险部位，然后突然用它那扁而长的喙从后面用力地叼啄蛇的头部，轻而易举地就把眼前的毒蛇杀死了。

　　白鹳是世界上较大的候鸟。它们每年都要返回到曾经热恋过的地方，这是它们世代相传的习惯。雄鹳总是要比雌鹳先到达，为的是能够找到一个旧巢，这对它非常有利，未来的情人会很在意雄鹳是否找到了合适的旧巢。因为修葺旧巢可以省下许多宝贵的时间，将来小宝宝就能在秋季到来之前长得更强壮一些。我国的白鹳，每年10月迁徙到长江下游、福建、广东沿海诸岛和台湾越冬；第二年3月迁回繁殖地东北或新疆生活。

　　白鹳是一种罕见的珍贵涉禽，尽管在我国的新疆西部和东三省有白鹳的繁殖地，但人们仍然很少有机会见到它们。你也许不会相信如此稀有罕见的珍禽也能与人为邻。白鹳不像它们的近亲黑鹳那样胆怯怕人，在欧洲的一些乡村里，白鹳常把巢建在屋顶或烟囱上。当地的人们对它们十分友好，像中国人看待喜鹊那样把它当成吉祥的象征。他们专门在屋顶修造特殊的巢架，并准备大量的树枝，时刻欢迎白鹳的到来。

美丽少女——黑鹳

中文名：黑鹳

英文名：Black Stork

别称：黑老鹳、乌鹳、锅鹳

分布区域：欧洲北部、南非、东非；中国新疆塔里木河流域、天山山地、阿尔泰山

黑鹳体形比白鹳稍小，为中型鹳，一般体长为85～110厘米，体重2.5～3千克。黑鹳体羽主要是黑褐色，并闪着紫绿色的金属光泽，好似身着豪华的绸缎，华丽而高雅。它们的颏、喉至上胸为黑色，只有下胸和腹部为白色的羽毛。雌鹳的羽毛色泽比雄鹳稍差，但大体相同。黑鹳的长喙为红色，它的一双长腿和白鹳一样好像穿着一双红色高筒袜一般，而它的眼周裸露部分也为红色。黑鹳的全身为黑、白、红3种颜色组成，好像着了红妆、内穿白衣、身披黑色披风的美丽少女。

白鹳和黑鹳原本是生活在一起的亲姐妹，很早以前它们共同生活在幽静的密林山谷之中，恰似不同衣着各有不同风度的亲姐妹一样。2000多年前，白鹳离开了幽静的密林山谷，离别了黑鹳，到人烟较多的地方安家落户了。在这幽静的密林山谷中，远离人烟的地方，只有黑鹳悠闲地生活下来。

黑鹳生活在山区，河流附近的树林、湖泊和沼泽地，或栖息于岩石峭壁上，单独或成对活动。由于惧怕人类，它们生性机警，听觉、视觉敏锐，稍有动静就会飞走。因此人类很难接近它们。黑鹳飞翔时，头颈向前方伸展，两条长腿并拢向后伸展，成一直线。它的脚长过尾部，头可以左右摆动以便

观察地面，缓慢飞行，翅膀扇动3～5次后便展开不动，呈滑翔姿态，显得很文雅、悠闲。

黑鹳喜欢安静，在飞行或是行走的时候，动作都非常舒缓，它们在休息的时候也是常常单足伫立。黑鹳主要的食物来源是水中的鱼、蛙、蛇和一些甲壳类动物，吃饱之后也是长时间的站立在原地休息，或是十分悠闲地用嘴梳理身上的羽毛。黑鹳有一个特点，就是从来都不鸣叫，只是上下嘴不断击打发出声响。

黑鹳的繁殖期一般在4～7月份之间，喜欢在人烟稀少的岩缝间或是大树上建造巢穴，每窝可以产蛋4～5枚，孵卵期为31天左右。幼鸟孵出后的25天内，都要由雌雄黑鹳轮流守护。幼鸟在巢中成长2个半月左右之后，就可以离开巢穴，开始练习飞翔了。

少年老成——苍鹭

中文名：苍鹭

英文名：Ardea cinerea

别称：灰鹳、青庄

分布区域：非洲、马达加斯加、欧亚大陆

　　在非洲、欧洲和亚洲等地区的河流、湖泊周围，我们可以见到一种大型的鸟类，这种鸟嘴上长着胡子，样子就像一位上了年纪的老爷爷，它就是苍鹭。苍鹭的性格孤僻，无论是觅食、休息还是走路，都是一副不紧不慢的样子。

　　苍鹭是一种生活在水边的大型鸟类，苍鹭上半身是灰色的，但腹部是白

色的。在它们嘴巴的根部长着一些黑色的、短短的羽毛，就像胡子一样。苍鹭的头、脖子、脚和嘴都比较长，相比之下，它的身体就显得瘦弱了。雌雄苍鹭的身高差不多，但雌苍鹭比雄苍鹭要重一些。

苍鹭喜欢成对或成群活动，在迁徙的时候会集合成一大群，有时还会和白鹭的队伍混在一起。它们经常分散开来沿着水边或浅水处走来走去，仔细寻找食物。在飞行时，苍鹭慢慢地挥动翅膀，脖子缩成"Z"形，两只脚向后伸直，长长地拖在尾后，同时发出低沉的叫声。到了晚上，它们就会成群结队地在高大的树木上睡觉。

苍鹭喜欢栖息在江河、溪流、湖泊、水塘、海岸等水域的岸边，它还经常在沼泽、稻田、山地、森林和平原荒漠上的水边活动。它们主要以小鱼、泥鳅、虾、蜥蜴、蛙和昆虫等小动物为食。苍鹭经常在早晨或傍晚出来活动，寻找美食。有时，苍鹭之间会拉开一定距离各自站在水边，将脖子缩在两肩之间，一只脚站立，另一只脚缩在腹部，一动不动地长时间站在那里等鱼儿游过。它们的两只眼睛会死死地盯着水面，一旦发现小鱼儿就会用嘴啄，动作十分敏捷、灵活。苍鹭相当有耐心，它们有时甚至会在一个地方等候好几个小时，一般的鸟可没有如此耐性！

苍鹭是我国分布较广和比较常见的涉禽，几乎在全国各地的水域和沼泽湿地都可以见到它们的身影。但近年来，对沼泽的开发利用使苍鹭的生存环境恶化，种群数量明显减少，不像以前那样容易见到了。

放牛郎——牛背鹭

中文名：牛背鹭

英文名：Egretta Ibis

别称：黄头鹭、畜鹭

分布区域：欧洲、亚洲、非洲、美洲

牛背鹭羽色以白色为主，头、颈、上胸及背上饰有橙黄色羽毛，嘴和眼周裸露部分为橙黄色，脚趾为黑色。冬季牛背鹭的橙黄色饰羽脱落，全身羽毛变为白色。牛背鹭的卵呈蓝绿色，雌雄共同孵卵，共同育雏。

牛背鹭经常喜欢在湖泊上空作短距离飞行，一般高度在40～100米上下，

飞行时初级飞羽显现出来，边飞边鸣，甚为美妙。降落前，两翅平伸盘旋数圈，脚落地后两翅张一下，接着收拢，常伴有鸣叫声，显得优雅而自在。

牛背鹭栖息于低山、平原、牧场、湖泊和沼泽地。牛背鹭筑巢在灌木枝上，巢材用枯枝和枯草。牛背鹭在夜宿时，颈部收缩，喙和头插入背羽内，单脚站立。牛背鹭十分机敏，受惊后一般不再来原地夜宿。天亮后，牛背鹭逐渐从睡眠状态中苏醒过来，理毛，观望，开始一天的生活。

牛背鹭常三五成群的活动，有时也单独活动或集成数十只的大部队。休息时喜欢站在树枝上，脖子缩成"S"形。牛背鹭常伴随牛活动，喜欢站在牛背上或跟随在耕田的牛后面，啄食牛背上的寄生虫和翻耕出来的昆虫，性情活跃而温驯，不怕人类，活动时寂静无声。飞行的时候头缩到背上，脖子向下突出像一个喉囊，飞行高度通常都比较低，成直线飞行。

牛背鹭的主要食物为蝗虫、蚂蚱、蟋蟀、蝼蛄、螽斯、牛蝇、金龟子、地老虎等昆虫。此外，牛背鹭还吃蜘蛛、黄鳝、蚂蟥等水牛及其他家畜从草地上翻耕出来的动物；当然，鱼、蛙也是牛背鹭常吃的食物。

牛背鹭部分是留鸟，部分是迁徙鸟。长江以南繁殖的种群多数为留鸟，长江以北多为夏候鸟。于每年的4月初到4月中旬迁到北方繁殖地，9月末10月初从繁殖地迁到南方越冬地。

牛背鹭在我国长江以南曾经是相当常见的，但近年来由于环境污染和生存条件的恶化，牛背鹭数量已明显减少，需要进行严格的保护。

飞鸟美人——白琵鹭

中文名：白琵鹭

英文名：Eurasian Spoonbill

别称：琵琶嘴鹭、琵琶鹭

分布区域：欧亚大陆、非洲西南部、印度半岛、中国部分地区

　　白琵鹭喜欢在沼泽地、河滩、苇塘等处栖息。它会涉水啄食小型动物，有时，水生植物也会成为它的食物。白琵鹭喜欢把巢穴搭建在近水的高树上或芦苇丛中。

　　在产卵期，白琵鹭每窝能产3～4枚椭圆形或长椭圆形的白卵，有的卵上有细小的红褐色斑点。繁育期间，白琵鹭夫妻轮流孵卵，约需25天孵出雏鸟，雏鸟留巢期约40天。

　　白琵鹭分布较广。无论是辽阔的平原上，山地丘陵地区的河流、湖泊、水库岸边及浅水处，还是水淹平原、芦苇沼泽湿地、沿海沼泽、海岸红树林，亦或是河谷冲积地和河口三角洲等地，都是白琵鹭的栖息地。白琵鹭在河底多石头的水域和植物茂密的湿地最常出现。

　　白琵鹭喜欢成群活动，单只活动的情况较少。白琵鹭休息时常在水边成一字形散开，并长时间保持站立不动，受惊后则飞往他处，生性机警畏人。它飞翔时两翅鼓动较快，平均每分钟鼓动达186次左右，而且时常排成稀疏的单行，或成波浪式的斜列飞行。白琵鹭在飞翔时，既能鼓翼飞翔，也可以利用热气流进行滑翔。并且，它的鼓翼和滑翔常常是结合在一起，鼓翼飞翔一阵之

后，紧接着就是滑翔。白琵鹭飞行时，两脚会伸向后方，头颈尽力向前伸。

虾、蟹、水生昆虫是白琵鹭的主要食物。每年的4月末，白琵鹭就开始北迁。它们会从南方越冬地飞到北方繁殖地。秋季9月末至10月末南迁。多在白天迁飞，傍晚停落觅食。在我国南方繁殖的种群主要为留鸟，不迁徙。白琵鹭成群营巢，由几只到近百只组成。有时也与鹭类、琵鹭类和其他水禽组成混合群体营巢。

通常营巢在有厚密芦苇、蒲草等挺水植物和附近有灌木丛或树木的水域及其附近地区，有时也置巢于地上。白琵鹭多在低海拔的平原地区营巢，但在亚美尼亚也发现有在近2000米的高原湖泊营巢。白琵鹭营巢位置和觅食地相距通常在10～20千米。白琵鹭的巢彼此挨得很近，一般相距1～2米，有时甚至彼此紧挨在一起。巢较简陋而庞大，通常用芦苇和芦苇叶构成，有时也用部分枯的树枝，内放草茎和草叶。营巢位置可多年使用，雌雄鸟共同参与营巢。

每年的5～7月，是白琵鹭的繁殖期。此时，白琵鹭就会发出"哼哼"声，这种声音像小猪的叫声，以及兴奋时长嘴上下敲击所发出的"嗒嗒"声。白琵鹭通常每窝产卵3～4枚，卵呈椭圆形或长椭圆形，为白色，上面分布有细小的红褐色斑点。白琵鹭通常每隔2～3天就会产1枚卵，产出第一枚卵后就立即开始孵卵，直到卵产完为止。孵卵一般都是在晚上进行，由雄鸟和雌鸟共同承担任务。

白琵鹭卵的孵化期为24～25天。白琵鹭雏鸟为晚成性，以孵生昆虫、昆虫幼虫、蠕虫、甲壳类、软体动物、蛙、蜥蜴、小鱼等小型脊椎动物和无脊椎动物为食。有时，它们也吃少量的植物性食物。

在繁殖季节，白琵鹭有时会飞到距离营巢10～20千米的地方寻找食物，有的甚至会飞到离营巢35～40千米远的地方去寻找。白琵鹭觅食时不是通过眼睛直接捕捉可见食物，而是一边在水边浅水处行走，一边将镰刀似的嘴伸入水中来回左右扫动。白琵鹭的嘴张开5厘米时，嘴尖能够直接与水底接触，如果碰到猎物，它就可以立即将其捉住。有时，白琵鹭会把嘴转向一边，拖着嘴奔跑觅食。

第二章

鸣鸟家族——空中的音乐家

　　鸣鸟又称鸣禽，占世界鸟类的3/5。鸣禽的食性各异。鸣禽的叫声因性别和季节的不同而有差异，繁殖季节的叫声最为婉转和响亮。它那秀丽典雅的身姿、绚丽多彩的羽饰和婉转动人的歌喉，给大自然增添了无限的生机和诗情画意。鸣禽是天然歌手，是大自然的精英，因此鸣禽被称为"空中的音乐家"。

聪明之鸟——鹦鹉

中文名：鹦鹉

英文名：Parrots

别称：鹦哥

分布区域：温带、亚热带、热带

　　鹦鹉是爱学舌的鸟，它们不仅有美丽炫彩的羽毛，而且善学人语，深受人们的喜爱。鹦鹉有强劲有力的鸟喙，可以食用硬壳果，它们羽色鲜艳，是食果鸟类。鹦形目有鹦鹉科与凤头鹦鹉科两类，种类繁多，有82属358种，是鸟类最大的科之一。其中个头最大的鹦鹉当属紫蓝金刚鹦鹉，其身长可达100厘米，在南美的玻利维亚和巴西有广泛分布。蓝冠短尾鹦鹉是个头较小的鹦鹉，生活在马来半岛、苏门答腊、婆罗洲一带，身长只有12厘米。这些鹦鹉有特殊的建巢方式，它们不是用弯而有力的喙衔起巢材，而是把巢材塞进短短的尾羽中，同类中其他的情侣鹦鹉，也是用这种方法携材筑巢的。侏鹦鹉属有6种，个头都在10厘米以内，生活在新几内亚和附近岛屿。这是鹦形目中最小的鹦鹉。

　　大多数鹦鹉色彩绚丽，声音高亢，人们根据它那独具特色的钩喙很容易识别出这些美丽的鸟儿。它们一般以配偶或家族形成小群，在林中树枝上栖息，自筑巢或以树洞为巢，以浆果、坚果、种子、花蜜为食。也有一些独特的鹦鹉：如深山鹦鹉，栖息在稀木灌丛中，个头很大，羽毛丰厚，长着一张又长又尖的嘴。深山鹦鹉除了具有其他鹦鹉的食性外，还以昆虫、螃蟹、腐肉为食。它们甚至会跳到绵羊背上，用坚硬的长喙把羊弄得鲜血淋淋，所以

　　这些鹦鹉也被当地的新西兰牧民称为啄羊鹦鹉。鹦鹉的羽毛颜色主要是绿色，美洲鹦鹉就以蓝色和黄色为基调。不少鹦鹉的翅膀是红色的，其中色彩最鲜艳的要数短尾鹦鹉。它们的体色主要是红色和绿色，配以蓝色、紫色、棕色、黄色和黑色。美冠鹦鹉大部分是白色和黑色的，偶尔也有一些黄色、红色、桃色。

　　鹦鹉的寿命较长，其平均寿命为50～60岁，大型鹦鹉甚至可以活到100岁左右。在英国利物浦，有一只名叫詹米的亚马逊鹦鹉，是鸟类中的老寿星，它生于1870年12月3日，于1975年11月5日死去，享年104岁，是世界上最长寿的鸟。

　　鹦鹉会说话，是不是因为它比其他鸟更聪明？大多数生物学家都认为，鹦鹉和其他会说话的鸟实际上并不知道自己说的话的意思，这些鸟在相互交流的时候有它们特殊的表达方式。鹦鹉能讲话是由于它们的发声系统和听觉功能与其他鸟不一样，也可能是由于人类所发出的声音与鹦鹉自然而然发出的声音非常相似，所以使得鹦鹉很容易模仿出人的声音。鹦鹉口舌灵巧，能念人名，能背数字，还能学会简单的话，即所谓"鹦鹉学舌"。此外，鹦鹉还能模仿人的声音唱歌，"哼"一些进行曲和地方剧，它甚至还可以形象地模仿二胡、小号的演奏声。其实，"鹦鹉学舌"，无非只是在声音上进行模仿而已，它们并不懂得人类真正的语言含义。

鹦鹉不仅会讲话，它在其他方面也很有特点。它们可以适应不同的生活环境，所以我们常常能够看到海员在出海远洋时会带着一只鹦鹉做伴。鹦鹉是一种热带鸟，可它们却能在气候温和的地方生活自如，甚至对寒冷的低温也无所畏惧。

鹦鹉是一种很勇敢的鸟，对自己的同类也是十分忠诚。如果一群鹦鹉同时遇到危险，它们会一起迎接挑战。鹦鹉在寻找食物的时候，就像猴子一样从一个树枝跳到另一个树枝上，既用嘴又用脚。鹦鹉使用脚时就像人使用手一样轻松自如，特别是在吃东西的时候。鹦鹉的喙弯曲有勾，腿较短，脚掌前后都长有双趾，走起路来样子显得很奇怪，但鹦鹉却是爬树的行家。在进食的时候，鹦鹉的喙往往会助它一臂之力。鹦鹉有厚而强健的舌头，能够巧妙地享用它们的食物——种子和水果。短尾鹦鹉以食花蜜为主，它的舌头很长，舌尖像刷子，有利于取食花蜜。

钓鱼高手——翠鸟

中文名：翠鸟

英文名：Alcedini

别称：鱼虎、鱼狗、钓鱼郎、金鸟仔、大翠鸟、蓝翡翠

分布区域：欧亚大陆、东南亚、印度尼西亚

　　翠鸟常在溪涧边栖息，以捕捉鱼类为食，营巢在岸旁洞穴中。翠鸟自额至枕为蓝黑色，密杂以翠蓝横斑，背部辉翠蓝色，腹部栗棕色；头顶有浅色横斑，嘴和脚均赤红色，从远处看很像啄木鸟。因翠鸟背部和面部有翠蓝发亮的羽毛，因此得名翠鸟。翠鸟喙很大，大多以鱼为食，在世界各地均有分布。翠鸟的身体强健，羽衣鲜艳，其体长约为10～45厘米，许多种类有羽冠；腿短，大多数尾短或适中；头大与身体不相称，喙长似矛，翼短圆，3个前趾中有2个基部愈合；发"咯咯"或尖叫声。翠鸟的洞常打在沙洲，热带种类的翠鸟在白蚁丘内打洞。翠鸟亚科的种类喙较窄，会扎入水中捕捉小鱼，但是一些旧大陆的普通翠鸟和北美的带翠鸟，也捕食其他小型水生动物。笑翠鸟亚科的种类喙较宽，不经常在水中生活，以昆虫、蜥蜴、蛇和其他小动物为食，如澳大利亚的笑翠鸟。东南亚的赤翡翠以蜗牛为食，它们会在石上敲碎蜗牛，以食其肉。在有的分类系统中，翡翠类划归翡翠科。

　　翠鸟一般生活在水边，专门吃鱼，俗称"钓鱼郎"。除了红喙红腿外，全身大部分是翠绿色的。翠鸟是飞翔高手，时速可达90千米。翠鸟不善于泅水，但却是杰出的"跳水健将"。它们常常站在水边的树枝或者岩石上，静静地注

视着水中游动的鱼儿，一旦看准了目标，就像一颗即将出膛的子弹一下子射入水中，用尖锐的大嘴既准又狠地捕鱼，然后像深水下发射的火箭一样，叼着鱼儿快速离开水面，飞回原来站立的地方。翠鸟怕鱼儿逃跑，先吞下鱼头，然后再美美地享用鱼儿的其他部分。

翠鸟性孤独，时常独栖。除了小鱼之外，翠鸟还喜欢吃甲壳类和多种水生昆虫及其幼虫，有时也啄食小型蛙类和少量水生植物。在中国南方，每年的4～7月，是翠鸟的繁殖期。在土崖壁上，翠鸟用它的粗壮大嘴穿穴做巢，也有的在田野堤坝的隧道中营巢，这些洞穴的洞底一般不加铺垫物。翠鸟的卵直接产在巢穴地上；每窝卵有6～7枚；卵色纯白，辉亮，有些许斑点，大小约28毫米×18毫米。翠鸟每年产1～2窝卵，卵孵化期约21天。雌雄翠鸟共同承担孵卵任务，但只由雌鸟喂雏。翠鸟的羽毛异常美丽，其头顶羽毛可以作装饰品。然而由于翠鸟喜食鱼类，这对渔业发展十分不利。

口技高手——伯劳

中文名：伯劳

英文名：shrike

别称：屠夫鸟

分布区域：非洲、欧洲、亚洲及美洲

世界上共有23种伯劳，根据它们的羽色，可以分为棕背伯劳、红脊伯劳、黑尾伯劳、白尾伯劳等。

伯劳鸟嘴粗短强壮，其尖端弯曲成钩状，脚爪锐利，鸣声吓人，其他弱小的鸟类早已被吓得魂不附体，逃之夭夭。它生性凶猛，善于格斗。每到繁殖季节，为了争夺地盘，伯劳鸟之间经常发生激烈的格斗，它们时而飞上天空进行空战，时而降至地面大打出手，相互之间用尽全力撕、抓、咬、啄，一直打到遍体鳞伤、血肉模糊方肯罢休。此时，战败者远走高飞，另找地盘去了，胜利者则留在地盘上休养生息。

伯劳会模仿很多种声音，如其他小鸟的叫声，汽车喇叭声等。伯劳是个诡计多端的家伙，它常常依靠模仿其他鸟类的叫声，引诱猎物上钩将其捕获。

伯劳的个体很小，却生性凶猛，能捕食小鸟以及一些小型哺乳动物。它们常常立在枝头张望四周，一旦发现猎物，便疾飞直下捕捉。伯劳的喙尖端具有利钩，捕到猎物后可以立即将它撕裂，因此它们善于捕捉小动物和昆虫。平时它站在芦苇梢上或小树木、灌木丛枝上，用自己敏锐的目光机警地注视着周围的动静，当它们发现了昆虫和青蛙等猎物后，便迅猛地追扑过去，用它们的铁爪准确地抓住地面上的青蛙，还能一举捕获正在飞行的蜻蜓。伯劳

鸟捕食时往往不仅嘴里衔着昆虫，两只爪还要各抓住一只。可见，它们捕食的本领多么高超呀！

伯劳鸟吃食的方法是十分残暴的。它们会先用利嘴把猎物啄死，然后用嘴衔起来，飞到荆棘丛中，将猎物挂在上面，再分别撕裂成一块一块地吃，所以有人称它为"屠夫鸟"。

雌伯劳产卵前会和雄伯劳一起用蒿草搭成它们的家，从产卵到小伯劳出世这段时间，捕食的工作完全由雄鸟来完成。小伯劳出世后，雌鸟会出去捕食，由雄鸟继续看护宝宝。这样一段时间后，雌、雄鸟再轮流进行捕食、看护工作。

伯劳鸟并不贪食，很会营生。它们会把一时吃不完的猎物，如蚱蜢、蜻蜓和青蛙等，一一挂在树枝上，让太阳光将这些猎物晒干，使得树木上到处挂满了猎物，简直成了伯劳鸟储藏冬季粮食的天然仓库，这在鸟类王国中是少见的。

我国常见的伯劳鸟有两种：一种叫棕背伯劳，一种叫红尾伯劳。它们的主要区别在于尾巴的颜色，黑色尾巴的是棕背伯劳，而红色尾巴的则为红尾伯劳。它们常常被人笼养，以供观赏。

歌声清脆——杜鹃

中文名：杜鹃

英文名：Cuckoo

别称：布谷鸟、杜宇

分布区域：西印度群岛、墨西哥至南美北部、中、南美洲；中国中南部

杜鹃属鹃形目，杜鹃科，全球大约有60种。杜鹃广泛分布于全世界，特别是旧大陆的温带和热带地区。它们常栖息在森林和灌木丛中，性情颇为害羞，因此，我们往往是只闻其声，不见其形，所以常根据它们的叫声来辨别它们。另外，杜鹃中的一些种类已经很少见了，比如红脸杜鹃就属于濒危动物。

在外形上，普通杜鹃羽毛大部分或部分呈明亮的鲜绿色，身长约16厘米。大型的地栖杜鹃身长可达90厘米，多数地栖杜鹃呈土灰色或褐色，也有些身上有红色或白色的斑纹。有些热带杜鹃的翅膀上有像彩虹一样的蓝色，尾巴较长，有的还特别长，尾巴羽毛的尖端点缀着白色。地栖杜鹃的腿比树栖杜鹃长，脚掌前后有双趾。喙粗壮结实，有点向下弯曲。

对于树木来说，杜鹃是一种益鸟，它能消灭大量的松毛虫，是捕食松毛虫的高手。松毛虫是松林中的大敌，它的存在会使大片松林死亡，特别是人工栽植的松林，更受不了松毛虫的侵袭。杜鹃能消灭这种害虫，是松树的福音，所以杜鹃得到了人们的肯定和喜爱。

有关杜鹃的生活习性，最有趣的当属杜鹃的育子方式了。鸟类当中，各

种杜鹃鸟有143种，其中有少数品种的雌鸟是孵卵的，大多数杜鹃生卵不孵卵。有了这种天性，它们怎么延续后代呢？不用担心，它们自有巧妙的方法，不然杜鹃早就绝种了。多种杜鹃最惹人注目的特性就是把蛋生在别的鸟类的窝里，靠其他鸟来帮它孵化。这种"寄生"的方法对提高小杜鹃的生存能力倒也很有好处。

杜鹃的卵主要产在莺科鸟类的巢里，借巢生蛋，让母莺代孵其卵，代哺其子。当到了生殖季节，杜鹃就把蛋产在柳莺等鸟的巢中，然后这个自私的母亲就像那些弃婴者一样，迅速地隐匿起来。这是因为莺科鸟与杜鹃有许多共同的特点：其一是二者卵的大小、形状、颜色相差不多；其二是孵化的条件相同，大约两周即可育出；其三是雏鸟相似，巢内哺育期均为半个月；其四是莺科雏鸟食量大，杜鹃的雏鸟吃得也不少。

由于这些相同之处，雌杜鹃一代代便形成了这种"寄生"的绝技。它将卵先产在地上，然后用嘴衔到两三个莺科的鸟巢里，有时一个巢里只放一个。而小杜鹃总比它"义母"的儿女早几天来到世上，它出世时，干姐妹还睡在卵壳里。小杜鹃有好动的习性，出壳就乱蹬踏，两爪抓住巢底，用

　　头将尚在孵化的卵拱出巢外，自己独占鸟巢，这样一来，莺科的雌鸟就误认为它是自己的儿女，将它喂养大。

　　到了小杜鹃快要会飞离巢时，它的亲生母亲会不误时机地赶来，落在附近的树枝上，一声声地叫起来。而小杜鹃听到这种叫声，本能地知道亲生母亲在召唤它，便纷纷闻声飞过去，随着雌杜鹃一起飞走。

鸣声悦耳——黄鹂

中文名：黄鹂

英文名：Oriolus

别称：黄路子

分布区域：除新西兰和太平洋岛屿以外的东半球热带地区

　　黄鹂是一种色彩鲜艳亮丽的鸟，雄鸟身上还覆有大片夺目的黄色、红色或黑色。然而，尽管色彩绚丽，但我们却很少见到它们的身影，因为黄鹂往往栖于森林或林地的树阴层。不过，悠扬清脆的歌声和鸣叫常使观鸟者们在瞥见一抹金色或红色之前便已意识到它们的存在。

　　所有黄鹂在形状和体型上都颇为相似。在印度尼西亚和新几内亚的岛屿上种类最多，体羽颜色也最为丰富。非洲的黄鹂，羽色几乎均为黄色和黑色(只有一个种类为黄色和橄榄绿色)。相比之下，澳洲黄鹂的羽色从黑鹂的全黑(尾下覆羽为栗色)、朱鹂的朱红色和黑色到裸眼鹂的暗黄绿色，显得非常丰富多彩。黄鹂多数种类为定栖性鸟，有些种类为寻觅果实会进行大范围活动；少数为真正的候鸟；其中金黄鹂冬季从欧洲迁徙至非洲的非繁殖地；另有中亚的种类在印度越冬。

　　所有种类的黄鹂都见于森林或林地，并限于在树上觅食，其中只有金黄鹂和东非黑头黄鹂在地面觅食掉落的果实或在草丛觅食昆虫。黄鹂是少数食大量毛虫的鸟之一，它们一般会在树枝上将大的昆虫摔死，然后再吞食掉。

　　绝大部分黄鹂为独居，或成对、成家庭单元生活。在非洲，非洲黄鹂、

东非黑头黄鹂和绿头黄鹂偶尔会加入混合种类的觅食群体，和其他鸟一起徐徐穿过森林或林地。当单独觅食时，黄鹂经常在果树之间或其他食物源之间做1000～2000米的长距离飞行。而食果习性也使黄鹂有时会与人类产生矛盾，因为它们会进入果园觅食樱桃、无花果或枇杷。

裸眼鹂比黄鹂着色暗淡，体更沉，行动也相对较笨拙。与黄鹂微弯的喙不同，裸眼鹂的喙短而结实，末端具钩。它们的群居性比黄鹂突出，经常结成嘈杂的小群，多时可达30只。它们在森林中不同的树上到处觅食繁盛的果实。裸眼鹂会给桑葚和无花果等果实类经济作物带来损失，与人类的利益发生冲突。

在印度尼西亚的一些岛屿上，当地的黄鹂和吮蜜鸟在体羽方面惊人地相似，简直难以区分。同时，它们在生态习性上也相近，在同一棵树上觅食果实时，体型相对较小的黄鹂通过效鸣(模仿对方的鸣声)来避免遭到体型较大的吮蜜鸟的攻击。

许多黄鹂由于生活在森林树阴层上层，行踪隐秘，因而人们对它们的繁殖习性知之甚少。事实上，有几个种类的巢和卵至今都还未被发现过。研究最详细的种类之一为欧洲的金黄鹂，这种鸟占有大片的领域，基本上为单配制，但会有多达4只雄性协助者帮助营巢。

在非洲，当地的黄鹂的巢为杯形巢，很深，由草和须地衣等质地优良的巢材精心编织而成，悬于树枝下面，末端有几分像吊床，衬材为更柔软细密的材料。特别是那些用须地衣筑成的巢，常常有巢材垂下来，使巢变得很隐蔽。而且，它们的巢更多地位于树的内层，很少筑于树阴层的外缘。在北方种类中，雌雄鸟共同筑巢并分担孵卵和育雏之责。而在所研究的少数热带种类中，孵卵基本由雌鸟完成，雄鸟则负责提供食物。

森林一枝花——寿带

中文名：寿带

英文名：Asian Paradise-Flycatcher

别称：白带子、长尾巴练、练鹊、三光鸟、绶带、一枝花、赭练鹊、紫长长尾、紫带子

分布区域：土耳其、印度、中国、东南亚、巽他群岛

　　春天，在山村附近的小树林里飞来一些极为漂亮的小鸟。它们的头蓝黑发亮，一簇飘逸的冠羽不时耸立张弛，腹部的羽毛明亮耀眼，背部紫栗色的羽毛闪着金属般的光辉。雄鸟的中央尾羽更为修长，超过了体长的四五倍，似两根飘带绚丽多彩。在茂林绿丛中宛如仙女下凡，又好似一朵飘动的鲜花，故有林中"一枝花"之称，它的名字叫寿带。

　　寿带和乌鸦、喜鹊等属于一个科，寿带的鸣叫声清脆、圆润而急促："嗒嘀，嗒嘀，嗒嗒嘀"，又似在询问"你找谁——你找谁？"而小树林就像一个大舞台，雄鸟们在一起表演合唱、独舞，时而雌雄合璧表演双舞、对歌，一直到它们选定配偶后，林子才静寂一些。打那以后，这片林子里只能见到一对"一枝花"了，偶尔会看见它们飘然而出，在草甸上衔起一根草，悠然地入林而去。它们在不高的小树枝杈上搭起了精致的巢，外形似一只酒杯，简直像一件工艺品。巢口遮着干苔藓，巢中还产上4枚指头大、乳白色的卵，卵的一端有紫色的斑点，晶莹得可爱。寿带非常机警，在产卵和孵化初期若受到人或其他动物惊扰，它们就会放弃巢舍卵而去，另建新家。

　　寿带喜欢在小乔木林中生活，有时站在枝头远望，有时在林中穿飞，飞时长尾摇曳、飘荡，惹人喜爱，但它们不善长飞，仅短距离即止。它们以昆虫为食，而且一般在空中追捕，从不在地面取食，捕虫时飞行很快，张开它那蓝色大嘴，露出绿色的口腔和舌头，快速将松毛虫、金龟子、蛾子捉住。盛夏，在林子边缘一群"一枝花"，其中一对父母，带4只小鸟。它们像燕子一般，张着扁平宽阔的嘴，翩翩飞舞着，兜食小飞虫。

　　随着岁月的流逝，"一枝花"将变得浑身羽毛雪白，只是头还是那么乌黑发亮，并有长长的白色尾羽，所以人们称它们为"寿带鸟"。

鸟中高音——云雀

中文名：云雀

英文名：Alouette

分布区域：朝鲜、日本、北非、伊朗、印度、西伯利亚、中国等

云雀是一种鸣禽，除了角云雀原产于新大陆外，其他种类的云雀在旧大陆地区分布较广。云雀种类繁多，全世界大约有75种。云雀中等体型，身长达18厘米。喙由于种的不同，有多种多样的形态，有的细小成圆锥形，有的则长而向下弯曲。云雀还长有长爪，有的爪子很直。羽毛颜色像泥土，有的则呈单色，有的上面布有条纹。雄性云雀与雌性云雀的相貌极其相似，身长13～23厘米，体上长有灰褐色杂斑。云雀顶冠及耸起的羽冠有细纹，尾分叉，羽缘为白色。在云雀飞行时，人们可以看到它后翼缘的白色；当云雀飞到一定高度时，稍稍浮翔，又疾飞而上，直入云霄，故得此名。

云雀是鸣禽中少数能在飞行中歌唱的鸟类之一，所有的云雀都会发出高昂悦耳的声音。雄鸟在向雌鸟求爱时，会唱起动听的歌曲，在空中自由飞翔，以得到雌鸟的青睐；有的雄鸟会响亮地拍动翅膀，以吸引雌鸟的注意。云雀的鸣声活泼悦耳，它们经常在高空振翅飞行时鸣唱，然后漂亮地俯冲回到地面。大多数云雀生活在草地、干旱平原、泥淖及沼泽中，主要以昆虫和种子为食。云雀正常飞行起伏不定，警惕时会下蹲。

云雀在欧洲、朝鲜、日本及中国北方繁殖，在北非、伊朗及印度西北部越冬。但是，在我国的华北、华东及华南沿海地区的冬季，云雀也较为常见。

　　日本云雀与别的云雀不同，其身体上棕色的小覆羽构成独特的三角形"肩"斑，长有白色的眉纹，绕过棕色的耳羽，与白色的半颈环及喉相连。日本云雀的下身白，胸部有近黑色纵纹。与凤头百灵相比，其棕色较浓且羽冠较短。日本云雀飞行时，会露出白色的后翼缘，且叫声完全不同。日本云雀长着深褐色的虹膜，浅黄的小嘴，嘴端呈深色，还长着橘黄色的脚。它喜欢在高空鸣叫，尤其是在被赶时会发出短促紧急的鸣叫声。虽然繁殖于日本，但部分日本云雀在我国南方越冬，也有的在我国华南、华东沿海及香港地区越冬。

　　另一种云雀是小云雀。小云雀体长16厘米，体羽呈褐色，像鹨。它长有浅色眉纹和羽冠。但是小云雀又与鹨不同，它的嘴较厚重，飞行较柔和，且有多种多样的飞行姿势。小云雀与歌百灵也不同，它的翼上不呈棕色且飞行姿势有所不同。小云雀与云雀、日本云雀的区别在于，其个头较小，在飞行时后翼缘露出的白色较少，且鸣叫声也不同。它的虹膜是褐色的，嘴角质色，脚呈肉色。在地面或向上飞行时会发出高音的鸣声，叫声为喊喳声音，听起来很干涩。小云雀栖息在长有短草的开阔地区。

鸟类爱好者的最爱——黄雀

中文名：黄雀

英文名：Eurasian Siskin

别称：黄鸟、金雀、芦花黄雀

分布区域：分布于欧亚大陆及非洲北部

　　黄雀在东北大小兴安岭繁殖，迁徙时经河北、山东、江苏等地，在浙江、福建、广东、台湾等地越冬。黄雀体长约12厘米，大体呈绿黄色，具褐黑色羽干纹，翅有鲜黄色花斑。雄鸟头顶大部分为黑色，颏部及喉中央黑色。黄雀在山区、平原均可见到。山区多见于松、杉等针叶树上；平原则多栖大柳树、榆树、白杨等树冠，常结群活动、觅食。主食赤杨、桦木、榆树、松树及裸子植物的果实、种子及嫩芽，也吃农作物和蓟草、中葵、茵草等杂草种子以及少量昆虫。巢呈深杯状，由蜘蛛网、苔藓、野蚕茧及一些嫩草茎、草根、各种植物纤维缠绕而成，内衬兽毛、散絮、羽毛等柔软物质。黄雀每巢会产4～6枚卵，呈浅蓝白色，缀以褐色、紫色斑，多集中在钝端。雌鸟孵卵，雄鸟喂食，孵化期12～14天。雌雄共同育雏，但以雌鸟为主。

　　黄雀是北方笼鸟，尤其是在北京地区，饲养很多。因为它容易驯熟、省事，除换羽期外，整天鸣叫，每年歌唱可长达8个月。一般认为，嘴尖细、身腰长、尾长、健美且善鸣叫的较好。也有的依下体羽色选择，有青色、白色、黄色之分。还有人喜欢红脚（俗称"红爪"）或头、颈、胸染红的。实际上这些颜色与食物有关，一般自然界的黄雀都是黑脚的，经人工养一段时期就变

成肉色的，春季迁过的黄雀羽毛常呈红色，但一换羽红色就消失了，其原因尚不清楚。

成年黄雀的雌雄很容易区分。雄鸟身体的黄绿色较浓，羽干纹少，头顶或颏部有黑斑。但刚离巢不久的雄性幼鸟与雌性成鸟则较难辨别。这种幼黄雀俗称"麻鸟"，是养鸟者最珍爱的，价格也要比雄性成鸟高2～3倍。一方面由于幼鸟易驯，另一方面则是因为它刚离巢不久，还未学会老鸟的鸣叫，即没有"野口"。

黄雀每年春、秋两次迁徙时途经我国北方，常可捕获，容易饲养和驯熟。黄雀笼的种类多种多样，但比较讲究的是漆竹圆笼，宜为封闭底，内铺薄布垫，因为其主食粉料或干粉料，粪便少而干，不易污湿笼底。还应有较高底圈，防止粒料壳乱飞以及鸟糟踏食物。为教以技艺，或做"圈子"，有的人把雌黄雀用架养，多数为直架。

家贼——麻雀

中文名：麻雀

英文名：Sparrow

别称：霍雀、嘉宾、瓦雀、琉雀、家雀

分布区域：欧亚大陆、欧洲、中东、东南亚

麻雀是一种常见的鸟。个头较小，体长约14厘米，雌雄麻雀在形、色上都非常接近。麻雀长有圆锥状黑色的喙；跗跖为浅褐色；头、颈处颜色为深栗色，背部栗色较浅，有黑色条纹。麻雀脸颊两边各一块黑色大斑，这是麻雀区别于别的鸟的最明显的特征。麻雀肩羽有两条白色的带状纹；尾浅褐色，呈小叉状。麻雀幼鸟喉部呈灰色，随着麻雀幼鸟年龄的增大，喉部的颜色会越来越深，逐渐变成黑色。幼鸟雌雄极不易辨认，成鸟则可通过肩羽来加以辨别，雄鸟此处为褐红，雌鸟则为橄榄褐色。对于麻雀人们似乎再熟悉不过了，虽然它与燕子、喜鹊一样，都是我们的邻居，但它却没有什么好名声，被称作"老家贼"，甚至还曾与老鼠、苍蝇、蚊子一起被列为"四害"之一。

其实，麻雀看上去并不是丑陋无比的一副坏人相。它头顶栗色的小圆帽，身披栗、褐、黑斑块相杂的羽衣，白色的脸庞镶嵌着黑色的颊斑和喉斑，加上它活泼好动，常在枝头、地面跳来跳去，还显得有几分可爱。尽管如此，为什么人类如此敌视小小的麻雀呢？问题还得先从"吃"谈起。

麻雀是有名的食谷鸟，全年生活过程中，主要以各种农作物为食。科学家们解剖了800多只麻雀，分析它们胃中的食物，看看它们到底吃什么。研究

的结果表明，在麻雀一年所吃的食物中，农作物占了一大半，杂草种子和其他植物约占1/3，而所吃的昆虫还不到1/10。看来麻雀嗜食粮食，罪证确凿无疑。敢从人类的口中争夺食物，自然会引起人们的愤怒。

在秋季，农作物收获的季节，水稻、小麦、高粱等农作物已经成熟，但尚未收割之际，麻雀集成成百上千的大群，栖落田间，取食粮食。俗话说"麻雀上万，一起一落上担"，就是指麻雀对田间作物的危害极大。它们落在穗头上啄食，不但吞食了粮食，而且由于啄食，使得许多已经成熟的作物种子弹落到地上，糟蹋得很厉害。

收获季节过后，麻雀仍要吃大量的粮食，它们不但在田间觅食遗留下的谷粒，而且还会到晒种场、露天粮垛等处取食。与家禽、家畜争夺粮食就更不在话下，难怪人们把它当成会飞的老鼠。

与其他食谷鸟一样，麻雀也并不是只吃素食的鸟中僧侣，有时它也会开荤，尤其在繁殖育雏期间，更以捕食昆虫为主，而且所吃的几乎都是害虫，比如金针虫、象甲、蝗虫、菜青虫等都是经常取食的种类。亲鸟在喂雏期，每天忙碌着捕昆虫，往返巢中100次以上，看来捕食的数量也是相当可观的。

麻雀吃粮又吃虫，权衡利害，到底是有益还是有害呢？这个问题直到现在还有许多争议。有人认为，麻雀主要取食粮食，虽然也吃害虫，但所占比例很小，而且，麻雀与人为邻，在建筑物中造巢，损害建筑，也传播疾病和寄生虫，所以麻雀是一种害鸟；另一些人却认为，麻雀捕食害虫是有利的一面。更重要的是麻雀在生态系统中的作用，麻雀为有益的猛禽提供食物，功不可没。而且，在城市鸟类日益减少的今天，麻雀对于控制城市园林害虫，消除生活垃圾等方面，起着不可低估的作用。因此，评价麻雀的功与过，应该谨慎从事。

歌舞王后——琴鸟

中文名：琴鸟

英文名：Menura

分布区域：澳大利亚、新西兰、塔斯马尼亚及其附近的岛屿

　　琴鸟是澳大利亚的国鸟，因为在求偶的时候尾巴展开后，形状十分像琴，所以被称为"琴鸟"。琴鸟有大琴鸟、华丽琴鸟和艾伯特亲王琴鸟三种。琴鸟的喙坚而直，足健善走，以昆虫、果实为食。

　　雄琴鸟有着异常美丽的羽毛。当它16根尾羽向前展开时，就像一把七弦琴。无论是雄琴鸟，还是雌琴鸟，都非常善于模仿动物发出的声音，而且鸣叫声非常悦耳。它不仅能模仿各种鸟类的鸣叫声，而且还能模仿生活中的各种声音，如汽车喇叭声、火车喷气声、斧头伐木声、修路碎石机声、人们的号子声等。

　　华丽琴鸟也是琴鸟的一种。雄鸟长着8对绚丽的尾羽，竖立时就像古希腊的七弦竖琴。在华丽琴鸟的羽尾中，有6支微白色的羽毛，羽枝很少；另外还有1支末端卷曲的宽羽毛，长60～75厘米。尾羽的一侧为银白色，另一侧布有很多金褐色的新月形斑纹，整个看起来就像"琴"的两臂；另外还有等长的1支羽毛，呈金属丝状，又窄又硬，微微弯曲，很像琴弦。雄鸟一般长约100厘米，在雀形类中，身体最长。当它向异性炫耀时，在森林中的空地上，它就会把尾伸向前方，把两条白色长羽盖在头上，而琴状羽则向侧方竖起，一边昂首阔步，一边高声歌唱。

　　雄大琴鸟为了炫耀自己，吸引雌鸟，经常就地取材，把林地上的废物堆成小山丘，以作为自己表演的舞台。接着，它就会在台上展尾开屏，高声鸣叫，载歌载舞。琴鸟除了求爱时表演它们的技艺之外，它还以给园丁鸟当婚宴上的"乐队"为乐。由于园丁鸟自己不会唱歌，在举行"结婚仪式"时，就会请琴鸟奏乐。

　　琴鸟与野鸡很相似，体形略似母鸡，通体浅褐色，它们喜欢在陆地行走，是澳洲鸟类中最受人们喜爱的珍禽之一。

　　在繁殖季节，雄琴鸟就会建造山丘，以标志它的领域，警告前来侵犯的别的雄琴鸟。在1平方千米的林间地上，雄琴鸟会建造十几个外形相似的土丘。等到土丘造好后，雄琴鸟就会开始炫耀表演。表演时间一般是在清晨或黄昏。炫耀表演开始时，雄琴鸟先在树上高声大叫，好像是在招揽群众，等群众几乎到齐时，就会飞下树干，登上土丘顶部，选好位置，然后开始一串洪亮的歌唱，当唱到忘情之际，它的尾羽便逐渐张开并向上竖起形成七弦琴形。琴鸟的表演实际是一种求偶炫耀行为，是为了吸引雌鸟，达到交配的目的。

　　琴鸟的巢和一般鸟类不同，很大且出口在侧面，多半筑在悬崖峭壁人迹罕至的地方。在繁殖期内，一只雄琴鸟能分别同若干雌鸟交配，交配之后由雌鸟单独建一个大型的圆顶巢，在巢中产1枚卵，孵卵育雏，非常辛苦。差不多在6个星期后幼雏出壳，而幼鸟要发育2年才能完全成熟。雄幼鸟在两岁前和雌鸟在外形上很相似，两岁以后才会长出华丽的尾羽和羽饰。

草原歌手——百灵鸟

中文名：百灵鸟

英文名：Braun

分布区域：中国、阿拉伯、印度

百灵鸟是小型鸣禽，属于草原鸟类。在蓝天白云之下，一望无际的大草原上，空中常常回响着美妙的乐曲，那就是百灵鸟高唱的情歌。百灵鸟在从平地飞起时，常常边飞边鸣。由于百灵鸟飞得很高，所以人们只闻其声，不见其踪。在炎热地带的沙漠或半沙漠地区，常有百灵鸟栖息。但百灵鸟并不仅仅存在于热带地区，角百灵便栖息于开阔的北极苔原和高山上，同时遍及北美的许多地区。而近来一项调查发现，在英国繁殖的鸟类中，百灵科的成员之一云雀分布范围最广。

大多数百灵为褐色，多条纹。有些在它们的体羽中(尤其在翅和尾上)有白色及深色斑纹，通常情况下只有在它们飞行时才能见到。色彩最醒目的是拟戴胜百灵，翅上具黑白相间的斑纹，体羽为微泛粉红的浅黄色，看上去像戴胜而得名。很明显，百灵的体羽一般呈保护色，使它们在地面活动时(特别是在孵卵时)具有很好的隐蔽性。

百灵和其他许多主要生活在地面的鸟一样，具有相当长的腿和后爪，使它们能够站稳。尽管有些百灵一有风吹草动就会立即飞走(甚至飞得很远)，但许多更倾向于逃跑，这些种类的百灵往往擅长利用地形和周围植被来为自己的撤离做掩护。有些则在面临威胁时习惯性地蜷伏，依靠它们具保护色的

体羽来躲过天敌。不少百灵的栖息地内没有树木或灌木，但其他的常常栖于树木、灌木的枝头或桩上。许多种类，包括多种歌百灵，则居于开阔的丛林地带。

绝大多数百灵成鸟以食种子为主，但它们也会摄取部分无脊椎动物。特别是在喂雏期间，动物性食物对小百灵的生长发育至关重要。在许多栖息地(如沙漠)中，种子的供应非常有限，因而百灵的数量可能会很少，而且分布很稀疏。然而，当种子变得异常丰富时(如在平时干旱的地区偶然有大的降雨或者农作物成熟时)，便会有数十只甚至数百只百灵成群出现。它们一般为相同种类，但混合种群也并不罕见，因为适合一种百灵的环境条件通常也适合其他百灵。

大多数百灵在繁殖时具有高度的领域性。雄鸟通过边飞翔边鸣啭来维护领域以及吸引异性。许多种类，包括云雀、林百灵、草原百灵等，都具有优美动听的歌声。其中草原百灵经常在地面鸣啭，过去在地中海地区常被人们作为一种鸣禽笼养。这些鸟的辨识鸣声和警告鸣声在人耳听来也同样悦耳，并且比起其他一些鸟类(如麻雀)的鸣声来要复杂得多。

在不少地方，百灵的繁殖期与降雨密切相关。降雨期来临后，它们迅速开始繁殖，以确保雏鸟孵化时能赶上草籽数量的高峰期。在这种情况下，只可能育一窝雏，随后亲鸟迁移至其他地方，当然也可能留在原地等待下一次降雨。而温带地区的种类经常在一个繁殖期内育2～3窝雏。

几乎所有百灵都筑地巢，有时在露天，但一般至少部分隐藏于植被中。少数种类，主要是炎热的沙漠地带的种类，直接营巢于灌丛中的地上。那样，空气的流通可使巢的温度略微降低。正午时分，亲鸟有时甚至会长时间站在巢上为卵遮阴。

在炎热干旱地区，百灵的窝卵数常常很低，如在东非赤道附近繁殖的白颊雀百灵一窝只产2枚卵。而在温带繁殖的种类，如云雀、林百灵和在欧洲繁殖的凤头百灵，窝卵数经常可达到4枚、5枚甚至6枚。据描述，少数沙漠种类会在巢(一般筑于斜坡上)较低的一侧下面用石子筑一道扶壁。有人认为这样做可使巢在遇山洪暴发后能尽快变干，但它们筑这道石壁更可能仅仅是为了挡风。

雏鸟在出生的前几天总是会得到一些昆虫食物，然而许多种类在雏鸟孵化一两周后(那时雏鸟还不会飞，距离离巢还有相当长一段时间)便将它们的食物转变为植物性食物。这一突然的变化使雏鸟在离巢时羽毛质量相当低。但在迄今所研究的百灵种类中，都会出现后幼鸟期的全面换羽。其他大部分

雀形目鸟在后幼鸟期只脱换躯体羽毛，而将在巢中长成的翼羽和尾羽留至第一次繁殖后脱换。百灵鸟这种换羽模式的好处是可节省亲鸟的精力，因为如此一来，亲鸟在育雏过程中便无需提供额外的食物来保障雏鸟长出高质量的羽毛。相反，雏鸟可以在开始独立生活后自己慢慢地积蓄换羽所需的营养和能量。

筑巢高手——织雀

中文名：织雀

英文名：weaverbird

别称：织布鸟

分布区域：非洲热带和亚洲

织雀以其独特的筑巢行为而著称。繁殖雄鸟所筑的巢堪称动物界最精致的巢之一。有些巢是它们的共栖场所，为集体通力合作的结晶。

大部分织雀所筑的巢都具有本种类的特色。不同织雀巢的差异主要体现在巢的大小、所用巢材、编织工艺和入口通道的长度方面。

织雀的巢材有细草(如在黑脸织雀中)、粗草(如在大金织雀中)、苔藓(如在绿头金织雀中)或叶柄(如在红头编织雀中)。入口通道在眼斑织雀中可长达半米，这种鸟为食虫类，倾向于单独营巢，两性着色相近。在多配制种类中，如南非织雀，雄鸟会换上鲜艳的繁殖体羽，喜欢成小群营巢；不过也有像黑头织雀那样成大群繁殖的，数百个巢筑在一起。

在织雀科最大、也是分布最广的属织雀属种。大部分种类会从草的叶片或棕榈叶的边缘部分撕下一条条细叶带，然后用锥形喙当梭用，将它们编织成紧凑的肾形结构，悬于树枝或棕榈叶的末端，入口则在底部。具体筑巢时，先将少量的叶带在枝上打结，然后雄鸟用脚抓住这些叶带将自己吊在枝下的半空中，用喙编织成一个圈，接下来雄鸟栖在圈上，将圈的一面织成巢室壁，另一面织成巢的入口。

许多种类的繁殖雄鸟相互之间极为相似，只能通过脚、喙和眼等部位斑

纹或着色细节来加以区别。雌鸟普遍缺乏亮丽的色彩，外表暗淡，似麻雀，主要呈褐色、橄榄色、灰色和米色。因此，甚至往往很难区分同一个种类的雌鸟、幼鸟和不繁殖的雄鸟。在性单态和单配制的种类中，配偶共同选择一个巢址，然后一起筑巢、育雏。而在性态和多配制种类中，着色暗淡的雌鸟在雄鸟于巢中炫耀时会光顾它们的巢，在一番钻进钻出之后，选择其中一个巢用以日后产卵。接下来，它通过添置衬材(通常为籽皮和羽毛)来对选中的巢加以完善，最后铺好入口通道。然后它会与雄鸟交配，但接下来产卵和孵卵都没有雄鸟在身边参与，最后为育雏。与此同时，雄鸟开始筑新巢，以期待和更多的雌鸟交配。倘若巢没有受到雌鸟的认可，雄鸟常常将它扯掉，把巢址腾出来重新筑一个巢，然后再次在巢下炫耀：拍动翅膀、发出急促的鸣声。

一个巢的工艺如何与织雀的喙形和大小没有明显的关系。编织精致的巢既可能由喙很细的精织雀类(为食虫类)或眼斑织雀所筑，也可能由粗喙型的小织雀、褐翅织雀或蜡嘴织雀所筑。其中，后两个种类的巢为织雀巢进化过程中的早期形式：竖直筑于两根芦苇中间，入口在侧面，但编织的工艺及所用的细带同样非常精良。这种侧面开口的竖直巢同样也见于科中第二大属非洲织雀属的巧织雀类，它们均为非树栖性，包括在芦苇、野草中筑巢的织雀种类以及栖于开阔荒野和草地中的织雀种类。马岛织雀属的织雀种类很特别，呈鲜艳的红色和黄色，仅限于马达加斯加及邻近的印度洋岛屿上，其中有数种濒危，它们也筑入口在侧面的巢。

　　每只雌织雀都会产特定颜色和斑纹的卵。在有些种类中卵为纯色，而在其他种类中，卵的外表在种类内部和种类之间均各异。卵的这种外表多样性被认为是为了抵制大量的种内寄生现象(在某些种类中已有报道)，使寄生雌鸟产下的卵与寄主雌鸟的卵相似的可能性减小。不过，只有数量少、体型小、具黑色粗喙的寄生织雀为真正的寄生鸟，它们将着色极为匹配的卵寄生在多种扇尾莺(扇尾莺科)的巢中。而织雀卵色的多样性以及巢入口通道长度的多样性均有可能是用于抵制白眉金鹃的寄生，这种杜鹃专门寄生于某些织雀。虽然这些织雀也产不同颜色的卵，但人们数次发现白眉金鹃被困在编织精巧的入口通道里。

　　大部分织雀为留鸟，尤其是森林中具领域性的食虫类，其中包括很特别的金背织雀和绿头金织雀，这2个种类像鹛那样在树皮上攀爬。其他种类则随着草原上食物和水源出现季节性变化而作局部迁移。而只有生活在极为干旱地区的种类才会经常性移栖，如非洲西南部和东北部的栗织雀以及尼日利亚亚撒哈拉地区的绿腰织雀。目前所知真正的迁徙仅见于黄胸织雀的种群中，它们在冬季从喜马拉雅山脉的高海拔地区向低海拔地区迁徙。

缝制高手——缝叶莺

中文名：缝叶莺

英文名：Orthotomus

别称：裁缝鸟

分布区域：印度、中国、菲律宾、东南亚、马来半岛

　　缝叶莺是一种生活在东南亚的鸣鸟。从印度到菲律宾，再往南直至东印度群岛都会发现它们的踪迹。缝叶莺共有9个品种。它们大约长11厘米，头部呈橙黄色，尾部呈灰白色。缝叶莺以它们独特的筑巢方式而闻名。缝叶莺

把巢系在树上。雌性鸟儿会产 3 ～ 6 个蛋。它们生性活泼好动，并不很怕人，常常十几只集成一群，"吱吱啾啾"地叫个不停，声音虽不婉转，倒也十分悦耳。缝叶莺长长的尾巴很有特点，常像旗杆一样竖在身后，有时尾巴向前倒倾，一翘一翘的，仿佛身体失去了平衡，甚至要敲到头了。它们喜食树上的昆虫，常会从树的根部向上攀着枝叶寻找，一棵树一棵树地搜寻。

　　缝叶莺的巢经常建在它们寻食的地方，如果园、树篱、灌木丛等处，离地面不高，两米左右。既然叫缝叶莺，那自然是以"缝叶"而闻名了。它们喜欢选用芭蕉、葡萄等较大而结实的植物的叶子做巢，把一片或两片下垂的树叶缝合成囊袋状，然后再营巢于叶囊中。如果叶片不够大，就把相邻的两三片或更多的叶片缝合成一个完整的囊。有时聪明的缝叶莺还会在叶柄上绕一些纤维，把叶柄系在小枝上。这样，即使叶片脱落了，巢也不会掉下来。

　　与缝叶莺亲缘关系较近的一些鸟，比如棕扇尾莺、棕颈鹪莺等也都或多或少地懂一点"缝制技术"，但都比缝叶莺逊色多了。

美食行家——乌鸦

中文名：乌鸦

英文名：Crow

别称：老鸹、渡鸟

分布区域：除南北极以外，世界各地均有分布

在雀形目鸟类中，乌鸦的个头最大，体长约40厘米。乌鸦不像别的鸟那样有鲜艳的羽毛，它的羽毛大多为黑色，有紫蓝色的金属光泽。翅比尾长，嘴、腿及脚为纯黑色。乌鸦的种类繁多，共36种，分布较广。分布在中国的7种乌鸦，大多为留鸟。

乌鸦很少受到人们的喜爱。其实，这并没有什么正当的理由，是由于人们的一些主观偏见造成的。乌鸦的叫声既粗劣又刺耳，又长着一身乌黑的羽毛，丑陋无比，因此人们不太喜欢它。有些迷信的人，认为听到乌鸦的叫声是不吉利的，常会啐口唾沫，以为这样可以解凶，其实这没有任何科学依据。

乌鸦生活范围很广。无论是平原还是高地，人们到处都可以见到乌鸦的踪影。乌鸦喜爱热闹，经常三五成群一块活动，早出晚归。白天在农田、草滩、公路等地方活动，晚上就在村旁或山边的树上过夜。乌鸦也喜欢与人做邻居，尽管人们十分讨厌它们，但它们还是设法搬进了城镇和乡村，过着似乎比人类更悠闲自在的生活。

春季的播种季节，乌鸦显得格外令人讨厌。它们非常喜欢吃人们刚刚播下、即将发芽的种子。不但捡食留在土表的种子，还会挖出埋在地下的幼芽，

拔食破土而出的嫩苗，对于辛苦的农民来说这确实是一种灾难。

　　然而，乌鸦并不嗜食粮食，它们不像麻雀那样危害粮食，它们喜欢吃田里的害虫。对于它们来说，吃肉还是要比吃粮好。它们经常以农田里的蝼蛄、蝗虫、金象甲、菜青虫等害虫为食，这些都是它们的美味佳肴。由于乌鸦个头大，食量也很大，能够消灭大量害虫，因而，乌鸦成了消灭农田害虫的主力军。人无完人，乌鸦也一样。尽管它们吃粮食，但也吃害虫，甚至能够捕食老鼠，对人类还是有功劳的。乌鸦还曾被请去帮助消灭甜菜农场里的甜菜象鼻虫。以前在日本，也认为乌鸦是害鸟。后来通过对它们的食性进行详细的分析，才知道乌鸦的益处远远大于害处，于是就把它列为益鸟进行保护。在我国，应根据不同地区的具体情况来加以对待，在造成危害的地区适当捕杀，以化害为利。

　　乌鸦堪称鸟类中的"美食家"，对很多种食物都感兴趣，动物的尸体当然也不例外。在开阔的草原上，成群结队的乌鸦四处游荡，常常与秃鹫一道分享大型动物的尸体。充当自然界中的清道夫，既促进了自然界中的物质循环，也能防止疾病的蔓延。

　　在生物学家眼里，乌鸦是最聪明的鸟类之一，它们能学会许多方法来获取食物。一些生活在海边的乌鸦，以取食牡蛎和贻贝为主，牡蛎和贻贝都有坚硬的壳，乌鸦不易吃到壳里的肉。但它们都学会了一招绝技，它把贻贝叼起来，在空中飞翔，然后把它投向一块大石头，贝壳被摔破了，也就能吃到肉了。它们的技术十分熟练，总是能把贝壳摔破，而又不会把肉搞得稀烂无法下口。对付牡蛎就有点麻烦，因为牡蛎是固着在岩石上的，乌鸦叼不起来，但这也难不倒它们。它们知道叼起一块石头来把牡蛎壳砸碎，就能享受美餐了。

人们对乌鸦的误解太多了，人们常说"天下乌鸦一般黑"，其实并不完全如此。我国常见的乌鸦有秃鼻乌鸦、大嘴乌鸦、小嘴乌鸦、寒鸦、白颈乌鸦等种类。白颈乌鸦，顾名思义，就是它的脖子上有道白圈，并不是通体漆黑；寒鸦虽然体型与其他乌鸦十分类似，但脖子、胸部和腹部都是白色的。看来，事情总是应该一分为二地来看。

第三章

珍鸟家族——空中的珍品

　　鸟是两足、恒温、卵生的脊椎动物，身披羽毛，前肢演化成翅膀，有坚硬的缘。鸟类起源于中生代侏罗记时期的始祖鸟，历史上存在过大约10万种鸟，而幸存至今的只有十分之一，不及10000种，20余目。

美国国鸟——白头海雕

中文名: 白头海雕
英文名: Bald Eagle
别称: 白头鹰、美洲雕
分布区域: 加拿大、美国和北墨西哥

在北美洲，生活着一种鸟中猛禽白头海雕，它身躯庞大。一只完全成熟的白头海雕，有1米长，双翅展开足有2米多长。成年白头海雕的眼、嘴和脚都为淡黄色，头、颈和尾部的羽毛是白色，身体其他部位的羽毛呈暗褐色，十分雄壮美丽。它的体重大约5～10千克，平均寿命大约为15～20年。白头海雕的体型大小随着年龄、性别和生活区域的不同而变化。未成年的雕往往比成年的白头海雕个头还大，这是因为年轻的白头海雕会有更长的尾羽和翅羽。

白头海雕常常把高高的悬崖顶和大树顶端作为寻找猎物的瞭望塔。瞭望塔使白头海雕的视野极为开阔，如同一个望远镜，很利于它们捕获猎物。

每年春天，成双成对的白头海雕在空中跳着"8"字舞，有时它们会互相抓住彼此的脚，或者在空中像车轮一样滚落下来。这并不是在打架，而是在向对方表示好感。

白头海雕的视力是鸟类中最好的，白头海雕良好的视力可以帮助它们看见躲藏起来的动物，以便获取食物。比如：某些东西在我们看来只是一团皮毛而已，但白头海雕可以清楚地认出那是一只小松鼠。

　　白头海雕的尾部长有一种特殊的物质，这种物质有时会流出像油一样的液体，它们把这种液体涂在羽毛上，便可以将羽毛梳理得整整齐齐。在梳洗时，它们还会使劲地摇摇身体，抖一抖身上的羽毛。白头海雕彻底整理一次全身的羽毛需要很长的时间。

　　一般的鸟儿在鸟蛋开始孵化时就不会再下蛋了。但白头海雕不一样。雌鸟在生下第一个宝宝的几天后，还会生下第二个宝宝。这样，先出生的小鸟就比后来的小鸟大得多。在没有食物的时候，这个家庭就会上演骨肉相残的悲剧，大一些的小鸟会把自己的弟弟妹妹当成食物吃掉。

　　白头海雕是美国的国鸟，它的形象还出现在美国的国徽上。白头海雕生活在美洲的西北海岸线。它们非常凶猛，经常在半空中向一些较小的鸟发起攻击，夺取它们的食物。富兰克林等人曾希望将火鸡的形象印在美国的国徽上，原因是他们认为白头海雕偷食其他鸟类的食物，对人类没有一点益处。但最终白头海雕还是当选为美国国鸟。有一段时间美国的白头海雕数量急剧下降，后来发现导致白头海雕数量下降的罪魁祸首是杀虫剂。经过美国政府几年的努力，白头海雕的数量逐渐恢复，并且重现往日繁荣的景象。

懒散的"隐士"——白尾海雕

中文名：白尾海雕

英文名：White-talied Sea Eagle

别称：黄嘴雕、芝麻雕

分布区域：白尾海雕繁殖于欧亚大陆北部和格陵兰岛、越冬于朝鲜、日本、印度、地中海和非洲西北部等地

白尾海雕，生活在沿海地区，数量稀少，已被列为国家一级重点保护动物。

白尾海雕为大型猛禽，它们的性格凶猛，外在特征很明显：头及胸为浅褐色，嘴黄而尾白；近黑的飞羽与深栗色的翼下形成对比；嘴大，尾短呈楔形；飞行似鹫。它们与玉带海雕的区别在于尾为白色。幼鸟胸具矛尖状羽毛但不成翎颌，体羽褐色，不同年龄具不规则锈色或白色点斑。白尾海雕的叫声很有趣，像小狗或黑啄木鸟的叫声。白尾海雕的食物除鱼外，还有野兔、鼠、幼鹿。在冬天，它们还偶尔捕食狗和猫，甚至能以尸体腐肉和渔场附近的垃圾为食。

白尾海雕是一种颇为"懒散"的鸟儿，有的时候竟然蹲立不动达几个小时。飞翔时两翅平直，常轻轻地扇动一阵后接着短暂的滑翔，有时也能快速地扇动两翅飞翔。和其他鸟类不同的是，白尾海雕的生命力非常顽强，在食物缺乏或者环境很恶劣的情况下，它们可以在长达一个月的时间内不进食而安然无恙。

由于人们很少发现白尾海雕的巢穴，因此它们在繁育后代上显得颇为神秘，犹如"隐士"一般。幸运的是，在1983 ~ 1985年间，在黑龙江省陆续发现了白尾海雕的巢穴，为研究及保护这一珍贵的物种起到了极为关键的作用。这些雕巢都坐落在岩崖或距水较近的高大白桦、杨桦树上。白头海雕繁殖期大约为4 ~ 6月，每窝产卵2枚，偶见3枚，主要由雌鸟孵卵，孵化期约35天，雏鸟由双亲抚育70 ~ 75天离巢。为了增加白尾海雕的数量，国内动物园内偶有饲养，但是至今没有成功繁育后代的记录，颇为令人遗憾。

　　更令人担心的是，白尾海雕的数量正在急剧下降。相信每一个看过下面这组数据的人都会有所感触，在我国，人们对见到白尾海雕的记录是这样的：1986年15只，1987年5只，1988年9只，1989年4只，1990年4只。由于白尾海雕种群数量总体较低，所以仍然需要我们加大力度来保护这个珍贵的物种。

飞行的金刚石——刀嘴蜂鸟

中文名：刀嘴蜂鸟

英文名：Sword-billed Hummingbird

别称：媒人鸟

分布区域：委内瑞拉、哥伦比亚、玻利维亚北部

刀嘴蜂鸟个体小巧，羽色鲜艳，嘴部细长，分布范围很广。从委内瑞拉、哥伦比亚一直到玻利维亚北部，都是它的栖息地。它个头虽小，但在蜂鸟中也可以算得上大个了。刀嘴蜂鸟的体长约为21厘米，眼大有神，头部为棕褐色，翅膀上部的羽毛为黄绿色，身体其他部分的羽毛为铜绿色，全身都闪耀着明亮的金属光泽。使人称奇的是，刀嘴蜂鸟的管状喙细长如剑，长可达10.5厘米，有它体长的一半，看起来非常奇妙。在飞行时，刀嘴蜂鸟像蜜蜂一样，双翼拍动很快，能够发出一种"嗡嗡"声，就像蜜蜂发出的声音一样，这也是人们把它叫做"刀嘴蜂鸟"的原因。

刀嘴蜂鸟有"飞行的金刚石"的美誉。它的羽毛不仅光滑、细腻，漂亮无比，而且也有特殊的反光作用。每当刀嘴蜂鸟迎着太阳飞行时，在阳光的照耀下，它的羽毛就会反射出五彩缤纷的色彩，这完全可以与美丽的彩虹相媲美。尤其是它进行翻转时，因角度不同，颜色的变幻更加绚丽多彩、无穷无尽，这给它增添了许多迷人的魅力。

刀嘴蜂鸟有着奇特的生活习性，它有许多地方与其他鸟类不同。主要以中美洲的攀缘植物西番莲的花蜜为食。有趣的是，刀嘴蜂鸟的长嘴正好适合

西番莲的11.4厘米的长花冠。其长嘴可以伸到其喇叭形的花朵中吸取花蜜。在取食时，刀嘴蜂鸟不会停落在花枝间，而是将身体悬停在空中。刀嘴蜂鸟的舌是管状的，和医生使用的注射针管差不多。因此当它把嘴插入花冠时，它的舌头能很快伸出来，舌尖上的纤毛可以舔食花蜜。当纤毛上吸满花蜜后，舌就会自动缩回口中，舔掉花蜜。在多姿多彩的鸟类世界中，这种准确便利的取食方式极为少见。

刀嘴蜂鸟的这种取食方式使自身和西番莲花朵都得到了好处，刀嘴蜂鸟获得了食物，西番莲花则得以传粉受精。刀嘴蜂鸟不愧为"花的媒人"，因为刀嘴蜂鸟在舔食花蜜时，可以帮助植物传粉。平时，刀嘴蜂鸟总是喜欢在花下飞来飞去，寻觅食物。这时，刀嘴蜂鸟的羽毛上就会粘上许多花粉，当它飞到别的花朵上时，这些花粉就会传给其他的花朵，为这些植物完成授粉。

刀嘴蜂鸟不仅能够进行长距离飞行，而且飞行的速度很快，时速可达50千米左右。这种超群的飞行本领得益于其特殊的肌肉组织和翅膀结构。它具有一个很大的龙骨突和相当发达的胸肌，上臂骨和尺骨与其他鸟类不同，比较短，相反，掌骨和指骨则较长，翅膀中间的关节因为不能活动，所以刀嘴

蜂鸟的整个翅膀都是僵直的，翅膀与肩之间的关节反而非常发达灵活。一般的鸟类，翅膀近端的肌肉能够运动而其远端的肌肉却不能，而刀嘴蜂鸟却能二者兼用。由于个头小、翅膀小，相对面积不大，刀嘴蜂鸟要保持一定的飞行速度和空中悬停，就要像许多昆虫一样，使翅膀的振动次数加快。特别是面对强大的天敌时，为了逃避敌害，刀嘴蜂鸟必须快速地振动双翅才能逃出危险区域，因此从客观和主观上，都要求它发挥双翅的特殊作用。

袖珍女神——蜂鸟

中文名：蜂鸟

英文名：Hummingbird

别称：神鸟、彗星、森林女神、花冠

分布区域：加拿大、阿拉斯加、火地岛、西印度群岛

蜂鸟是一种羽毛绚丽多彩的小型鸟，也是世界上最小的鸟类。它身体的长度大约3～5厘米，重量约20克，多数喜欢生活在茂密的树林当中。蜂鸟是一种非常美丽的鸟，任何一种鸟都无法相提并论，它们从头到脚都长着色彩鲜艳的羽毛，十分耀眼。蜂鸟的美是无法形容的，它们的美超过人们所能想象的任何一种鸟。蜂鸟头部长着丝状发羽，它细如发丝，闪烁着金属光泽。在其颈部，有七彩鳞羽，腿上长着闪光的旗羽，而其尾部还有曲线优美的尾羽。因此有人说它们是"鸟类中最美丽的化身"。蜂鸟大多生活在美洲，从加拿大和阿拉斯加到火地岛，包括西印度群岛。黑颏北蜂鸟是美国和加拿大的西部最常见的种类。在北美洲东部，生活着红喉北蜂鸟。但是，在北美洲东部，人们也可以看到其他种类的蜂鸟的个别成员。有些大型的天蛾在白天活动取食花蜜时，常被人误认为是蜂鸟。

蜂鸟的飞行速度特别快，翅膀每秒钟能拍动80次以上。并且它还能笔直地向上、下、左、右飞行，还可以倒退飞。它们为什么会有如此大的本领呢？这得益于它们的尾羽，尾羽可以控制飞行的方向。另外，它的飞行还与它那强健有力的羽翼肌有关系。就身体比例而言，它们的羽翼肌比别的鸟都强壮。

蜂鸟飞翔肌约占其体重的30%。蜂鸟还长着发达的心脏肌，与其他鸟类相比，蜂鸟的心脏要大出其他鸟类的2倍。据估计，蜂鸟在飞行时心脏跳动每分钟可达到1200次，这在鸟类中是非常罕见的。这是因为它们血流循环迅速，氧的需要量相当大。因为飞翔肌甚是发达，所以蜂鸟的飞行速度很快，时速可达50千米，高度可达4～5千米。所以人们往往只听到它的声音，却看不清它的身影。

蜂鸟是一种恋花的鸟，虽然它长得很纤小，但它们却是候鸟，冬去春来。它们对栖息地的寻觅准确程度令人叹服。更为有趣的是，虽然蜂鸟的个子很小，但是它们的脾气却很大。人们看见过它狂怒地追逐比它大20倍的鸟，附着在它们身上，反复啄它们，让它们载着自己翱翔，一直到它的愤怒平息为止。

蜂鸟善于筑巢，是鸟类中的能工巧匠。蜂鸟喜欢把巢造在树枝上，鸟巢由丝状物编织而成，做工精细，造型别致。此外，有的蜂鸟还会把巢建在蜘蛛网上。有一些蜂鸟的巢像篮子，用一根细丝垂吊在半空中，看上去还像悬挂在树枝上的一只小酒杯，非常精巧。

蜂鸟尊崇"一夫多妻制"。每年的繁殖季节，雌鸟和雄鸟交配过之后，就会飞离雄鸟的领域，单独建巢、产卵、孵化和育雏。雌性蜂鸟每次产卵1～2

枚，只有豆粒般大小，每枚重量仅0.5克，大约200个蜂鸟蛋才有一个普通鸡蛋那么大。鸟卵孵化期为14～19天。小蜂鸟出生约20天后，就能飞出鸟窝觅食，开始独立的野外生活。

随着鸟类学家对蜂鸟的不断研究，蜂鸟演化的秘密终于被揭开了。研究发现，蜂鸟与现存的雨燕类亲缘关系很近，它们有共同的祖先。由于生活环境的差异，它们的祖先产生两种不同的进化。一部分鸟飞行速度大大提高，它们的后代成了现代鸟类中飞行最快的雨燕；另一部分逐渐具备在空中悬停的本领，它们的后代就是当今的蜂鸟。

百鸟之妻——大鸨

中文名：大鸨

英文名：Great Bustard

别称：地鵏、老鵏、野雁、独豹、羊鵏

分布区域：中国、摩西哥、中东、欧洲、中亚

　　大鸨是大型地栖鸟类。翅长超过400毫米，头长嘴短，翅大而圆，无冠羽或皱领。雄鸟在喉部两侧有刚毛状的须状羽，头、颈及前胸为灰色，其余下体为栗棕色，密布宽阔的黑色横斑。下体灰白色，颏下有细长向两侧伸出的须状纤羽。雌雄鸟的两翅覆羽都为白色，在翅上形成大的白斑，飞翔时非常明显。它们栖息于广阔草原、半荒漠地带及农田草地，通常成群一起活动。大鸨善于奔跑，既吃野草，又吃甲虫、蝗虫、毛虫等。

　　大鸨喜欢过群体生活，据说它们总是70只聚集在一起形成一个小群体，因此，人们在描述它们时，就在"鸟"的左边加上"七十"，因此而得名。古代，大鸨曾被认为是"百鸟之妻"。说大鸨只有雌鸟而无雄鸟，可以与任何一种雄鸟交配而繁衍后代。其实，这种看法是错误的。是由于当时科学不发达，对大鸨繁殖习性不了解所致。这种错误说法很可能是由于大鸨鸟雌雄的羽毛颜色很接近，同时繁殖期间雄鸟大鸨不孵卵、不筑巢，也不照顾雏鸟，所以在人们的印象中是没有雄鸟的。实际上大鸨与其他鸟类一样有雌有雄，每年4～5月，是大鸨繁殖的季节。此时，雄鸟就开始向雌鸟求爱。雄鸟尾部的羽毛会朝天竖起，脖子及翅膀上的羽毛也直立起来，胸部鼓成球形。雄鸟会在

雌鸟面前一摇一摆地不断扭动，并发出"咝咝"的声音。当求爱成功后，雄鸟和雌鸟就开始进行交配，交配完以后各奔东西，"生儿育女"的重任基本落在雌鸟身上。

　　大鸨共分化为2个亚种，在我国均有分布，普通亚种繁殖于黑龙江的齐齐哈尔，吉林的通榆、镇赉，辽宁西北部以及内蒙古等地，越冬于辽宁、河北、山西、河南、山东、陕西、江西、湖北等省，偶尔也见于福建。大鸨在我国内蒙古东北部地区草原地带繁殖后代，冬季迁至华北平原及长江流域附近。在国外分布于西伯利亚东南部。目前全世界野生数量不足1000只，在我国属一级保护动物。

大嘴怪兽——巨嘴鸟

中文名：巨嘴鸟

英文名：Toucans

别称：鵎鵼

分布区域：美洲热带地区、墨西哥中部、玻利维亚和阿根廷北部

    巨嘴鸟体长大约67厘米，嘴巴长17～24厘米，宽5～9厘米。嘴非常漂亮，上半部黄色，略呈淡绿色，下半部呈蔚蓝色，喙尖点缀着一点殷红。眼睛四周镶嵌着天蓝色羽毛眼圈，胸脯为橙黄色，脊部为漆黑色。色彩艳丽的大喙有很大的观赏价值。主要以果实、种子、昆虫、鸟卵和雏鸡等为食，以树洞为巢。巨嘴鸟后背和尾基的脊椎骨进化得很独特，从而使尾部能够贴于头部。巨嘴鸟栖息时会将头和喙埋于向前覆的尾羽下，看上去犹如一个茸球。

    巨嘴鸟的喙看上去很重，但实际上很轻。嘴的外面是一层薄薄的角质鞘，里面除了一些较细的骨质支撑杆交错排列外，几乎是中空的。虽然有这种内部加固成分，但巨嘴鸟的喙还是很脆弱的，有时甚至会破碎。不过，有些巨嘴鸟在喙部分明显缺失后，照样还可以生存很长一段时间。巨嘴鸟有很长的舌，喙缘呈锯齿状，喙基周围没有口须。脸和下颚裸露部分的皮肤颜色较鲜艳。有几种巨嘴鸟眼睛颜色较浅，在瞳孔前后有深色的阴影，因此，它们的眼睛看起来就像一道横向的狭缝。

    巨嘴鸟的喙究竟有什么用途，一直是自然学家研究的课题。研究发现，巨嘴鸟的喙有助于它们能够采撷到树木外层细枝上的浆果和种子。当它们用

喙尖攫住食物时，就会顺势往上一甩，头扬起，食物落入喉中。这一行为可解释喙的长度，但是没能解释其厚度和艳丽的着色。巨嘴鸟在打劫鸟巢时，它五彩斑斓的巨喙常常使受害的亲鸟吓得一动都不敢动，更不用说发起攻击了。而恼怒的亲鸟只有在巨嘴鸟起飞后，才会进行反击，它们甚至会踩在飞行的巨嘴鸟的背上，但在巨嘴鸟着陆前，亲鸟会十分小心地撤退。巨嘴鸟的喙同样使它们在觅食的树上对其他食果鸟处于支配地位。此外，也可以有助于不同的巨嘴鸟种类相互识别。如栖息在中美洲森林里的黑嘴巨嘴鸟和厚嘴巨嘴鸟，它们的体羽如出一辙，人们只有通过它们的喙或鸣声进行区分。其中，厚嘴巨嘴鸟的喙能够呈现出彩虹中的6种颜色。从这个意义上说，用彩虹嘴巨嘴鸟来为它命名也许更贴切。而它的亲缘种黑嘴巨嘴鸟的喙主要为栗色，同时在上颌有不少黄色。巨嘴鸟的喙还可用来求偶，因为雄鸟的喙相对更细长，犹如一把半月形刀，而雌鸟的喙显得短而宽。

　　巨嘴鸟既有群居的，也有独居的。群居的巨嘴鸟一般群规模并不大，飞行时不像鹦鹉那样密密麻麻，而是成零零星星的一列。而大型的巨嘴鸟种类飞行时常常先扇翅数下，然后收翅呈下落之势，继而展翅作短距离滑翔，之后重新开始扇翅上飞。由于长途飞行对它们而言显得困难重重，因此它们很少穿越大片的空旷地或宽阔的河流。小型种类的扇翅频率相对则要快得多，其中簇舌巨嘴鸟外形似长尾小海雀，但飞行时也呈单列。巨嘴鸟喜栖于高处的树干和树枝上，雨天它们会在那上面的树洞里用积水洗澡，配偶会相互喂食，但栖于枝头时并不紧挨在一起，而是用长长的喙轻轻地给对方梳羽。

大部分巨嘴鸟会把巢营于树干上因腐朽而成的洞中，如果营巢繁殖成功，这些巢就会年复一年地使用。不过，这样的树洞并不容易得到，因而繁殖的配偶数量有可能受到限制。一般而言，巨嘴鸟钟爱的洞为木质良好、开口宽度刚好够成鸟钻入，洞深0.17～2米。当然，树干根部附近若有合适的洞穴，也会吸引通常营巢于高处的种类将巢营于近地面处。有时会营巢于地上的白蚁穴或泥岸中。小型的巨嘴鸟种类通常占用啄木鸟的旧巢，有时甚至会驱逐现有的主人。大型的扁嘴山巨嘴鸟则会经常侵占巨嘴拟鴷的巢，假设后者在树上的巢对前者而言足够大。一些绿巨嘴鸟还善于在朽树上凿洞穴，而小巨嘴鸟种类、山巨嘴鸟种类以及橘黄巨嘴鸟却并不是这样，它们通常会先选洞穴，然后再进行挖掘。事实上，对于巨嘴鸟来说，凿穴是它们繁殖行为的重要组成部分。巢内无衬材，一窝1～5枚卵，产于木屑上或由回吐的种子组成的粗糙层面上，随着营巢的进展，这一层便会越积越厚。

巨嘴鸟在孵卵时，亲鸟双方会共同分担孵卵任务，但由于它们常常缺乏耐心，因此坐孵时间很少会超过1小时以上。亲鸟易受惊吓，一有风吹草动，它们就会弃卵逃走。卵孵16天左右雏鸟出生，全身裸露，双目紧闭，无任何绒毛，足部发育严重滞后，不过踝关节处长有一肉垫，即面积较大的钉状凸出物。雏鸟刚开始便依靠两只脚上的肉垫和皮肤粗糙、凸出的腹部，形成"三足鼎立"之势来支撑身体。和啄木鸟的雏鸟一样(巨嘴鸟与啄木鸟外形相似)，它们的喙很短，下颌略长于上颌。巨嘴鸟雏鸟由双亲喂食，随着雏鸟的发育，它们的食量越来越大，需要的果实也会越来越多。雏鸟的发育非常缓慢。小型巨嘴鸟种类的雏鸟在长到4周时，身上的羽毛仍然十分稀少，而较大种类的雏鸟发育到1个月时身上仍是赤裸的。双亲共同照看雏鸟，但夜间没有固定由哪一方负责看雏。大的排泄物和残留物会用喙啄出巢，有些种类如绿巨嘴鸟，巢保持得相当整洁，而红嘴巨嘴鸟会让腐烂的种子留在巢中。

神话之鸟——黑嘴端凤头燕鸥

中文名：黑嘴端凤头燕鸥

英文名：Thalasseus Bernsteini

别称：中华凤头燕鸥

分布区域：菲律宾群岛；中国山东、福建、广东沿海

　　黑嘴端凤头燕鸥属于鸥科鸟类动物，根据统计，黑嘴端凤头燕鸥是世界上最濒危的鸟种之一，是鸥科鸟类中最稀少的一种，全球数量不超过100只。自1863年被命名以来，到2000年，人类对它们一共只有6次确切的观察记录，其中我国有5次观察记录，可见其稀缺程度了。黑嘴端凤头燕鸥因稀少而显得神秘，所以它们被学者专家称为"神话之鸟"。

　　海岸岛屿，是黑嘴端凤头燕鸥的主要栖息场所。人们对于它的食性、习性、繁殖等情况，目前还知之甚少。黑嘴端凤头燕鸥的致危因素主要是栖息环境的污染和破坏。

　　黑嘴端凤头燕鸥又叫中华凤头燕鸥，是一种中型水鸟，体型不大，体长大概38～42厘米。它的羽色与黄嘴河燕鸥较为相似，背部、肩部和翅上覆羽为淡灰色，几乎呈白色，而黄嘴河燕鸥的羽色较深。黑嘴端凤头燕鸥尾上覆羽和尾羽为白色，而夏羽自前额经眼睛到枕部的头顶部分，以及头顶上的冠羽均为黑色。初级飞羽内具楔形的白斑，尾羽呈深叉状，外侧尾羽逐渐变尖；颊部、颈侧、后颈、颏部、喉部和下体均为白色；翼下覆羽和腋羽呈淡灰色。冬羽和夏羽相似，但前额和头顶为白色，头顶具有黑色的纵纹，虹膜褐色。

嘴比燕鸥类略粗，而且稍微弯曲，呈黄色，尖端具有黑色的亚端斑，与黄嘴河燕鸥不同。但冬季嘴则完全变为黄色，脚和趾为黑色。

黑嘴端凤头燕鸥与大、小凤头燕鸥的区别不大，黑嘴端凤头燕鸥黄色的嘴其端部1/3为黑色。小凤头燕鸥的亚成鸟，则为褐色，而且翼内侧色浅并具两道深色横纹，背及尾近白而具褐色杂斑。虹膜呈褐色；嘴呈黄色，前端黑色；脚呈黑色。黑嘴端凤头鸥的叫声很难听，叫声沙哑，且还高叫。

黑嘴端凤头鸥目前已经很难发现自然生态标本了。从前除了夏季在我国山东采得标本外，也于春秋季和冬季期间分别在我国广东、福建以及印度尼西亚、马来西亚、泰国和菲律宾等地采到过标本。所以估计它繁殖于中国山东沿海岛屿，然后迁徙和越冬于我国南部沿海和东南亚地区。

由于黑嘴端凤头燕鸥自1937年以后一直未有任何可靠性的报告，以至于人们都认为这一物种已经绝灭了，但在1978年和1980年又分别在我国河北和泰国被发现后，才知其没有灭绝。后来于1991年在黄河河口湿地又发现了3只黑嘴端凤头鸥。另外，在中国大陆和台湾的海岸仍然发现有它们的踪迹，正在迁徙的燕鸥曾在八掌溪被发现。

尽管如此，人们还是一直不知道黑嘴端凤头燕鸥的繁殖之地。2000年，在马祖列岛燕鸥保护区，发现黑嘴端凤头燕鸥的繁殖纪录，这是世界上第一次发现黑嘴端凤头燕鸥有繁殖纪录的地方。而黑嘴端凤头燕鸥能够在马祖存活，可能是与马祖过去是一处军事禁区，人员进入当地被限制有关。目前马祖已经成为一处自然保护区。另外，在2004年在浙江韭山列岛也发现了它的一处繁殖地。

2000年，有4只成鸟和4只幼鸟在福建省沿海的马祖列岛再次被发现，黑嘴端凤头燕鸥成为鸟类学界关注的焦点。2004年，在浙江省沿海的韭山列岛也发现了另一个繁殖群，这两个繁殖群是目前世界上残存的两个群体。

尽管黑嘴端凤头燕鸥的再次被发现令人欣喜若狂，但是，中国科学考察队最近的一项调查研究却又为人类敲响了警钟。此次调查结果显示，这种珍稀鸟类的全球总数在3年间减少了一半，已经下降至不足50只。目前，黑嘴端凤头燕鸥已被《中国濒危动物红皮书·鸟类》列为易危物种。

令人们惊喜的是，在2008年11月的《国家人文地理》上出现了关于黑嘴端凤头燕鸥的详细报道和图片。这无疑能让人比较系统地认识这种动物，并了解这种动物所面临的困局。既然黑嘴端凤头燕鸥已经受到媒体的关注，那就意味着这种鸟已经被人所关注，对这种鸟的保护意识已经形成一小股力量，而更大的保护行动还需要全人类继续的努力。

古代武士——双角犀鸟

中文名：双角犀鸟
英文名：Great Pied Hornbill
别称：大斑犀鸟，印度大犀鸟
分布区域：印度、缅甸、泰国、中南半岛、马来西亚和印度尼西亚等地

　　双角犀鸟属于大型鸟类。在我国所产犀鸟中，它的体形最大，体长可达120厘米。雄性成鸟的嘴长30厘米，它还长有一个大而宽的盔突。微凹的盔突前缘形成两个角状突起，就像犀牛鼻子上的大角，又好像古代武士的头盔，非常威武，因此得名"双角犀鸟"。上嘴和盔突顶部均为橙红色，嘴侧为橙黄色，下嘴呈象牙白色。它的颊、颏和喉等部位均为黑色；后头、颈部为乳白色，背、肩、腰、胸和尾上的覆羽都是黑色；腹部及尾下的覆羽为白色；翅膀也是黑色，但翅尖为白色，还有明显的白色翅斑，极为醒目。尾羽为白色，但靠近端部有黑色的带状斑。双角犀鸟的腿是灰绿色的，沾有褐色，它的爪子几乎为黑色。雌性双角犀鸟的羽色和雄性双角犀鸟相似，只是盔突比较小。有趣的是，雄性双角犀鸟眼睛内长有深红色的虹膜，雌性双角犀鸟的虹膜却是白色的。在双角犀鸟的眼睛上方还生有粗长的睫毛，这在其他鸟类中也是少见的。

　　双角犀鸟在每年的3～6月繁殖，它们的巢多选择森林中的菩提树等高大乔木上的天然树洞，并对其进行加工和修整而成。这种天然树洞又大又宽，离地面很高，比较安全。双角犀鸟每窝产卵通常为2枚，也有的产1枚或

3枚。卵刚产出时为纯白色，不久后会变为淡皮黄色或皮黄褐色。雌鸟承担孵卵，孵化期大约为31天，雏鸟为晚成性。雌鸟在孵卵期间用自己吃剩下的食物残渣和粪便混合后堆积在洞口，将洞口封闭缩小，同时雄鸟也在外面用它的大嘴衔泥，并混合果实、种子和木屑将洞口封闭，仅留一个小孔让雌鸟嘴端能够伸出。雌鸟在洞中进行孵卵、育雏，这样做既安全，又舒适，还不怕风吹日晒，同时也可以保护雏鸟，避免蛇类、猴类和猛禽等的威胁和侵害。雌鸟和雏鸟进行排便时，会把肛门对准洞口，直接喷射出去。雌鸟还不时地用嘴将洞内的污物清除出洞口，以保持洞内的清洁。雌鸟在雏鸟孵出后要进行一次彻底的换羽，这时几乎没有飞翔的能力。换羽之后，便将洞口的封闭物啄破，与长大的雏鸟一起飞出来。整个孵卵、育雏期间的食物，全由雄鸟供给。为了使"娇妻爱子"们都能得到充足的食物，雄鸟必须一次又一次地飞到外面觅食。这时，雄鸟还会将自己砂胃中的一层壁膜脱落下来，吐出体外，形成一个薄囊。雄鸟就利用这个薄囊贮存觅到的浆果、坚果等食物，然后带回巢中。如果雌鸟没有伸出嘴来迎候，雄鸟就会用嘴轻轻地敲打树干，以通知雌鸟伸嘴取食。因此，到繁殖期结束时雌鸟和雏鸟都长得很肥胖，而雄鸟却累得筋疲力尽，瘦骨嶙峋。

由于双角犀鸟奇特的繁殖习性，当地的傣族同胞都叫它"爱情鸟"。那里还流传着一个动人的故事。据说在很早以前，原始森林中住着一对青年夫妻，男的叫岩歌，女的叫玉坎。岩歌是傣族的好猎手，玉坎是有名的美人。岩歌为了自己外出打猎的时候，不使玉坎遭到坏人的伤害，每次外出时都把竹楼的楼梯抽到楼上去，然后从外边把门窗封好，给玉坎留下足够的食物，让她一个人在家中织筒裙、编竹席，一直等到他打猎归来。

但是，有一次发生了意外。岩歌在打猎的时候在山中迷了路，过了整整20天后才回到家中，而玉坎却早已饿死了。岩歌悲痛欲绝，放声大哭，然后用白布把玉坎的尸体和自己裹在一块，将竹楼点着，燃起了熊熊的大火。从此以后，这对恩爱夫妻就变成了两只双角犀鸟，仍然保持着火热而纯真的爱情和独特的生活习性。

双角犀鸟喜欢在海拔1500米以下的低山和山脚平原常绿阔叶林中栖息，尤其喜欢生活在靠近湍急溪流的林中沟谷地带。双角犀鸟是候鸟。繁殖期间，双角犀鸟常单独活动，非繁殖期它们则喜欢成群在高大的榕树上活动。每到果实成熟的季节，犀鸟群大多便会固定在一个地点取食，直到食物吃尽才更换新的取食地点。它们也常常成群飞行，一个接一个地前后鱼贯前进。飞翔时速度不快，姿态也很奇特，头、颈伸得很直，双翅平展，作几次上下鼓动后，便靠滑翔前进，然后再鼓动几下翅膀，如此反复进行，如同摇橹一般。由于翼下的覆羽未能掩蔽飞羽的基部，所以在飞行时飞羽之间会发出很大的声响。它在鸣叫时，颈部会垂直向上，嘴指向天空，发出粗厉、响亮的叫声。日落时，便飞到为密集的叶簇所遮蔽的大树顶上过夜。

双角犀鸟的食量很大，食性也很杂，各种热带植物的果实和种子，都是双角犀鸟的食物。双角犀鸟也吃大的昆虫、爬行类、鼠类等动物。它们经常在树上觅食，有时也会到地面觅食。双角犀鸟的大嘴看起来很笨重，但那张大嘴却是双角犀鸟的工具和武器，使用起来非常灵巧。双角犀鸟利用它可以轻松自如地采摘浆果，轻易地剥开坚果，还能轻松地捕捉鼠类和昆虫。

鸟中之王——孔雀

中文名：孔雀

英文名：peafowl

别称：越鸟

分布区域：东南亚、东印度群岛、南亚

　　孔雀有绿孔雀、蓝孔雀和刚果孔雀三种。绿孔雀又名爪哇孔雀，分布在中国云南省南部。蓝孔雀又名印度孔雀，分布在印度和斯里兰卡。它与绿孔雀外貌相似，只是体型稍大。它们之间明显的区别是绿孔雀的冠羽像一把突起的镰刀，而蓝孔雀的冠羽则像一柄展开的招扇。蓝孔雀还有两个突变形态：白孔雀和黑孔雀。而刚果孔雀则生活在非洲的密林深处。

　　孔雀被视为"百鸟之王"，是最美丽的观赏鸟，是吉祥、善良、美丽、华贵的象征。有特殊的观赏价值，羽毛用来制作各种工艺品。

　　孔雀栖居在海拔2000米以下的开阔的稀疏草原，也生活在有灌木丛、竹林、树林的开阔高原地带。它们特别喜欢在溪河沿岸和林中空旷的地带活动，附近大多有农田。

　　孔雀食性较杂。它们喜欢在草丛中寻找种籽、浆果，也喜欢吃稻谷、嫩芽、禾苗，有时孔雀还会在河边捉食昆虫、蜥蜴、青蛙等。当云雾弥漫的清晨来到时，孔雀就会悄悄到河边，汲水理羽梳妆，然后结队到树林里觅食。到了阳光强烈的中午，孔雀就躲到树荫里休息。等天气凉爽时，它们才又出来四处觅食。直到黄昏降临，它们便飞回树林，躲在密枝浓叶当中睡觉。

　　孔雀的羽毛颜色各异，有翠绿、亮绿、青蓝、紫褐等多种颜色。雄孔雀的头上还长有 6 ~ 7 厘米的冠羽，其面部呈金黄和天蓝色，在其头、颈和胸部的绿色羽毛上，有黄褐色的横纹。特别是它那裙带般排列整齐的尾羽更为华丽美艳，每根尾羽上都有宝蓝色的眼斑依次散列，两边则分披着金绿色的丝带般的小羽枝，闪烁着古铜色的光泽，异常绚烂夺目。尤其是身上羽毛的光泽和各种颜色配成的"图案"，真是令人拍案叫绝。

　　每年的 4 ~ 5 月间，是雄孔雀争艳比美，寻找伴侣的美好季节。这时，雄孔雀的羽毛会焕然一新，山脚下开阔的草丛和溪河两岸、田野附近，都会成为它们的活动场所。雄孔雀不时用力摇晃身体，竖起美丽的尾羽，尾羽展开时就像一把碧纱宫扇。雄孔雀紧随着雌孔雀，在雌孔雀身边得意洋洋地踱着步，有时还会翩翩起舞，以博得雌孔雀的青睐。孔雀开屏很好看，但孔雀并不时时都开屏。在正常情况下，发情期的孔雀只在上午 10 时前后的一两个小时内开屏，每次开屏只能持续 1~2 分钟。

　　孔雀常常是一雄配数雌，三五只一小群活动。雌孔雀每次产卵 4 ~ 8 枚。小孔雀孵化以后，整个家族成群结队地活动。

美丽公主——蓝孔雀

中文名：蓝孔雀
英文名：Indian Peafowl
别称：印度孔雀
分布区域：巴基斯坦、印度和斯里兰卡

印度分布的孔雀属于蓝孔雀，又叫印度孔雀。1963年1月，印度政府宣布孔雀为"国鸟"，受宗教和法律两方面的保护。孔雀在印度地位尊贵，禁止销售，甚至不许私带出境，但允许用野孔雀毛做扇子、笤帚和装饰物，据说这能为使用者带来好运和仙气。

在印度，曾流传着许多关于孔雀的民间故事。据传说印度教舞蹈之王湿婆的儿子迦尔迪盖耶，曾骑着孔雀云游四方；孔雀还曾是耆那教的神祖以及战神卡提科亚的骑乘工具。孔雀还被封为鸟王。印度人世世代代都喜爱孔雀，建筑上、器皿上、庙宇中，都有孔雀的形象。

在公元前4世纪的印度，曾出现了一个强大的部落，号称孔雀族。经过数年连续征战，他们力扫群雄，最后建立了一个空前强大的王朝——孔雀王朝。尤其是第三代帝王阿育王统治时期，在印度历史上最为辉煌。他统一了印度次大陆，把释迦牟尼的佛教定为当时印度的国教，他皈依佛门、讲信修善、公平慈爱、杜绝荤腥，被后人推崇备至。

蓝孔雀雄鸟头上具冠羽，眼睛的上方和下方各有一条白色的斑纹。头顶、颈部和胸部呈灿烂的蓝色，翅膀上的覆羽为黑褐色，飞羽黄褐色，腹部深绿

色或黑色，尾上的覆羽形成尾屏；雌鸟头上具冠羽，头顶、颈的上部为栗褐色，羽缘带有绿色，眼眉、脸部和喉部为白色，颈下部、上背和上胸部为绿色，上体其余部分为土褐色，翅磅有白色的边缘，下胸部暗褐色，腹部暗黄色，虹膜褐色，腿、脚为褐色；雌鸟的羽毛主要为灰绿色。

雄性蓝孔雀的体长可达2米，重4～6千克。其尾羽约有152厘米长，竖起来就像一把扇子，"开屏"时尾羽上反光的蓝色的"眼睛"能够吓退天敌，因为天敌可能会把这些"眼睛"当作哺乳动物的大眼睛。蓝孔雀还会抖动其尾羽，发出"沙沙"的响声以吓退敌人。行为生物学认为雄性蓝孔雀长的尾羽可以用来标志一头动物的健康状况，雌性蓝孔雀也比较容易受"眼睛"多的雄鸟的吸引。与雄鸟对比来看，雌鸟则比较小，很不显眼，其身长仅约1米，重2.7～4千克。

蓝孔雀野外分布于印度、斯里兰卡、巴基斯坦和尼泊尔等地。四千年前，孔雀就已经被人类带到了地中海地区，因此孔雀是人类饲养最早的观赏鸟类，今天，世界各地均有孔雀被饲养，在饲养过程中也产生了黑翅膀的孔雀和白孔雀。由于孔雀是留鸟，因此在许多公园中它们可以自由活动。

蓝孔雀漂亮的羽毛深受人们的欢迎，畅销海内外。随着人们居住环境的不断改善，蓝孔雀已被人们当做庭院玩赏鸟饲养，民间还有孔雀到谁家，谁家就吉祥的说法。蓝孔雀的繁殖和培育成本较低，经济效益较好，发展蓝孔雀养殖是既能陶冶情操，又能带来财富的新兴产业。

最爱"打扮"的鸟——雷鸟

中文名: 雷鸟

英文名: Capercaillie

别称: 雪鸡、柳鸡、苏衣尔

分布区域: 寒带地区

  雷鸟属松鸡科，全世界共有3种，即柳雷鸟、岩雷鸟和白尾雷鸟。白尾雷鸟分布在北美洲的美国和加拿大等地，在我国黑龙江流域和新疆北部分别有柳雷鸟和岩雷鸟活动。雷鸟栖息在北极圈附近，那里气温低，冰雪覆盖期长，它们一生中大部分时间都在雪原中度过。雷鸟善于奔跑，飞行迅速，但不能远飞，多以苔藓、树芽、种子和昆虫为食。到了冬天，它们会把食物藏在自己挖掘的雪洞里。

  由于长期在冰天雪地里生活，雷鸟的腿和脚趾周围生出了很多长长的细毛，可以保暖。同时，这些细毛又像是"滑雪板"，可以增大脚与地面的接触面积，减少体重对雪的压力，使雷鸟在疏松的雪层上奔跑而不致下陷很深。它们的鼻孔外面披盖着厚密的羽毛，用以抵挡北极的风暴，有利于啄食雪下的食物。嘴粗壮而短，善挖食雪下的植物根茎，几乎完全吃植物性食物。

  生活在北极固附近森林里的雷鸟，能随着四季的变化而改变自己羽毛的颜色，一年要换4次羽，可以称得上是世界上最爱"打扮"的鸟了。冬天，雷鸟除了头顶和尾羽外侧为黑色外，身体其他部位都会换上白色的"冬装"，脚上也会穿一双"白袜子"。到了春天，它们会在白羽的"外套"上绣上棕黄色的斑点，唱着悦耳动听的歌，忙着婚配。很快，它们又会换上树皮色的"夏装"，开始孵蛋育雏。到了落叶纷纷的秋季，它们又换上了暗棕色的、上面缀有黑色大斑点的"秋衣"。

　　雷鸟的配偶方式是"一夫一妻"制。在繁殖期间，雄鸟眼睛上部生长的红色肉垂会充血膨胀、显得极为鲜艳醒目。除了在外表上大下工夫外，雄鸟之间还常常会为争夺领地而发生争斗。在拥有了一块属于自己的领地后，雄鸟便会常在领地中地势较高的小土丘或岩石上盘旋、飞翔，守卫自己的领土，并不时发出求偶的鸣叫声，叫声与家鸡相似。雄鸟在炫耀时会将尾羽高高地翘起并散开，让两翅下垂，一边向前走一边用飞羽在地上划动，并且大声鸣叫。当有雌鸟应声来到雄鸟的领域内时，雄鸟便弓颈翘尾，跑向雌鸟，在雌鸟面前做小幅度的曲线运动，然后快速拍打散开的尾羽，同时拖着下垂的两翅围着雌鸟来回走动，伺机与其交尾。

白背大仙——拟兀鹫

中文名：拟兀鹫

英文名：Indian White——backed Valture

别称：白背兀鹫

分布区域：中国新疆、青海、甘肃、宁夏、四川、云南、西藏

拟兀鹫为亚洲特有，其爪不锋利，不能活捉猎物，头部和颈部则全部裸露，这是它最明显的特征。它们主要吃动物的尸体，通常生活在离人类居住区较近的地方。拟兀鹫是我国的一级保护动物。

拟兀鹫体型大约83 ~ 120厘米。头被黄白色状羽和绒羽；头、颈灰色，有裸露区，颈基具白色绒羽组成的翎领。上身为沙白色或茶褐色，具矛状条纹及淡色羽缘，背部呈白色，翅下有白色带。头和上颈裸露，有稀疏的黄色纤毛状羽；脖子的后面有一簇污白色绒羽；肩、两翼和尾为暗黑色；下背及腰则为白色；胸、腹及尾下覆羽暗褐色并具淡色羽干纹；嘴灰绿色或铅灰色；脚呈暗绿灰色。

拟兀鹫属于群居性动物，成群栖息于开阔低山丘陵和平原地区，冬日常到小镇和村庄附近活动，在地上或岩坡上进食。白天出来活动，晚上在树上休息。飞行速度一般是每小时50 ~ 55千米，速度最快的时候能达到每小时90千米。飞行的高度能达2700多米。 叫声好像沙哑的抱怨声，见到尸体时则发出尖厉叫声。常单独在开阔的低地上空飞翔搜寻食物，偶尔也上到1 600米的荒山裸岩地区寻找动物尸体，发现动物尸体后，本来分散寻找食物的个体很快就会聚集起来，一边尖叫一边争抢，很快尸体便被啄食一空，当地上仅

剩下一堆骨头的时候才又各自散开。通常它们不吃活的动物，除非在特殊情况下，一般也不主动攻击人和动物，在食物贫乏和饥饿的时候，也吃蛙、蜥蜴、鸟、小型哺乳动物和大的昆虫。

拟兀鹫的繁殖期为每年的11月到次年的3月。它们通常把巢建在小镇或村庄附近高大的树上，很少在开阔的农田地区树上营巢。拟兀鹫常常数对在一起营巢，彼此离得很近，一个巢紧挨着另一个巢，曾在一棵大树上发现有15个巢，以及在一小块丛林内发现了30～40个巢。有时每对也单独建巢。在无外界打扰和破坏的情况下，巢可以多年使用。每窝产卵1～2枚，卵白色，通常带有斑点，有时被有红褐色或红色斑。由亲鸟轮流孵卵。孵化期为45～52天。雏鸟为晚成性，孵出后由亲鸟共同喂养大约90天左右离巢。

云南迪庆藏族自治州西北部的德钦太子雪山，山峰海拔高度都在5000米左右，有保存较好的以高山针叶林为主的寒带原始森林。气候垂直差异很大，呈典型立体气候特征。保护区内有拟兀鹫。云南德钦县城东的白茫雪山自然保护区，是保存较为完好的寒带原始森林区，也是云南省海拔最高、面积最大的自然保护区，保护区内也有很多拟兀鹫。

天国神鸟——天堂鸟

中文名：天堂鸟

英文名：Birds of Paradise

别称：极乐鸟、太阳鸟、风鸟、雾鸟

分布区域：澳大利亚、新几内亚和伊利安岛

天堂鸟，又名极乐鸟，由于它们生活的地方比较偏僻，人们平时很少看到它们，只有极少数时间能看到它们在天空飞翔时的美丽身影，因此，人们认为它们是住在天国的"神鸟"。

天堂鸟是体型中等型鸟类，身体外形类似椋鸟。嘴形粗短，有些则呈细长镰刀状，在头部及胸部或是翅膀上长出各式各样的饰羽，是燕雀目类中最引人注目的地方。萨克森王天堂鸟身长大约22厘米，却在眼睛后面长出两根长约50厘米蓝白色羊齿状的旗羽，外型独特，好像三国时期吕布的造形。

据统计，全世界共有40余种天堂鸟，在新几内亚就有30多种。它们形态各异，色彩不同，都是非常活泼的鸟。其中，最出色的要数蓝天堂鸟、无足天堂鸟和大王天堂鸟。

蓝天堂鸟的体态非常华美，中央尾羽就像金色的丝线。在繁殖期间，雄鸟有时仰头拱背，竖起两肋蓬松的金黄色饰羽；有时脚攀树枝，全身倒悬，抖开美丽异常的羽毛，嘴里不停地唱着爱情的歌曲，吸引附近的雌鸟。

无足天堂鸟，其实并不是真的没有脚，只是它们的脚稍微短了一些。一般飞行时藏在长长的羽毛里，人们看不到而已。无足天堂鸟身材娇小，典雅俏丽，尾翼比身体长2～3倍，因此又叫长尾天堂鸟。

大王天堂鸟的身材不是最大，但它们的性格却非常古怪。因为它们是典型的对爱情忠贞不渝的鸟类，无论雌雄都是这样，一旦两只鸟相恋，就会相伴终生，平时也不吵闹，也不打架。倘若其中一只鸟不幸死去，另一只鸟就会绝食而死。它们生性孤独，不愿和别的种群共同生活在一起。不过每当环境有变，它们就会高高地飞在天上，充当迁徙队伍的引路者。

天堂鸟全身长满了五彩斑斓的羽毛，并且具有硕大艳丽的尾翼，在腾空飞起的那一刻，犹如满天彩霞，流光溢彩，祥和吉利。因此，当地的居民深信，这种鸟一定是天国里的神鸟，它们食花蜜饮天露，造物主赋予它们最美妙的形体，赐予它们最美丽的霓裳，为人间带来幸福和祥瑞。不过，也正是因为它的美丽给它们带来了杀身之祸，西方国家利用它们的尾羽做装饰，导致它们被大量捕杀。让人感到奇怪的是，当地的土著人一边捕杀这些天堂鸟，一边对这些天堂鸟又十分尊崇。每当盛大节日庆典，土著居民们就会戴上用绚丽的天堂鸟羽毛制作的头饰，载歌载舞，多姿多彩，欢乐喜庆。在他们看来，这样会受到上帝的恩赐，会给自己带来好运。

世界神秘珍禽——白头鹤

中文名：白头鹤

英文名：Hooded Crane

别称：锅鹤、玄鹤、修女鹤

分布区域：白头鹤主要在我国长江中下游越冬，到东北乌苏里江流域繁殖

　　白头鹤素有"世界神秘珍禽"和"修女"的美誉。主要分布于我国的内蒙古、黑龙江地区，为大型涉禽。它们在长江下游越冬，习惯栖于河口、湖泊、沼泽、湿地中。属于杂食性动物。喜食小麦、稻谷、莎草科植物根部和甲类、小鱼、软体类动物等。据估计，全世界白头鹤的数量为9400～9600头，属于国家一级保护动物，被国际鸟类保护委员会列入《世界濒危鸟类红皮书》，是世界上15种最濒危的鹤类之一。

　　白头鹤是一种非常漂亮的鸟类。它们的体羽绝大部分为暗石板般的灰色，并缀有褐色，额部及眼部有密集的黑色刚毛，头顶皮肤裸露呈朱红色，喉部、两颊和颈的上部呈白色。它们的外形像极了穿黑衣的修女，动作优雅而舒缓，因此有"修女"的美誉。

　　从生殖上看，白头鹤在4月份开始繁殖，筑巢于沼泽湿地，每窝只产2枚卵，孵卵期约为30天。幼鹤的发育较快，80天后就具备飞翔能力。

　　白头鹤的繁衍栖息对生态环境的要求极高，既要有森林、湿地，还要有供其觅食的农田。过去，人们只在俄罗斯见过白头鹤的繁殖种群，其余白头鹤在哪儿繁殖始终是个谜。所以，为了增加白头鹤的数量，建立合适的保护

区是非常重要的。我国在这方面也加大了力度，并已经在位于黑龙江省小兴安岭北麓的大沾河上游建立起了保护基地。该保护区是中国目前最为完整的大面积森林沼泽湿地，保存着以原生阔叶混交林、沼泽和水生植物为主要类型的原始湿地生态景观。相信在人们的不断努力之下，白头鹤的数量一定会大幅增加。

高贵的飞翔者——食猿雕

中文名: 食猿雕

英文名: Pithecophaga jefferyi

别称: 菲律宾鹰

分布区域: 菲律宾吕宋岛、沙马岛、雷伊泰岛、民答那峨岛

　　食猿雕是菲律宾的国鸟,是世界上体形最大的猛禽之一,体长为85 ~ 95厘米,体重3.6 ~ 4.2千克。在它头部的后面,生有许多长达9厘米的矛状或柳叶状冠羽,当其发怒的时候,这些冠羽都高高地呈半圆形耸立起来,再加上短而侧扁的巨大钩嘴和黑色的脸部,就构成了一副极其凶狠而古怪的面孔,令人望而生畏。目前仅存不到500对,主要集中在棉兰老岛的热带雨林中。

　　食猿雕是目前世界上最稀少的雕类之一,属于大型雕类,被人们称为是世界上"最高贵的飞翔者",有"雕中之虎"的美誉,数量稀少,目前正处在绝迹的边缘,已被列入《濒危野生动植物种国际贸易公约》附录之中。

　　食猿雕生活在在菲律宾的吕宋、沙马、雷伊泰和民答那峨岛屿,分布比较零散,是菲律宾热带雨林地区的特产动物,因此,也被称为菲律宾雕。食猿雕是森林中的霸王,它长有短而宽的翅膀和长长的尾羽,能够快速飞行,并突然增加速度,所以食猿雕特别适合在森林中活动。很多时候,它都是在树冠之中隐蔽地飞行捕食。而当它需要从一个山谷飞往另一个山谷时,它就会在森林树冠的上方采用翱翔的飞行方式。

　　食猿雕的生存与热带雨林的命运息息相关,因为只有热带雨林才能提供

它所需要的食物和营巢环境，所以随着热带雨林面积的不断缩小，食猿雕野外数量的下降就是不可避免的了。事实上，在本世纪初，热带雨林仍然是覆盖菲律宾群岛绝大部分地区的优势植被。据估计，在人类到达之前，除了吕宋、棉兰老岛的松林，沿海的红树林以及受火山、旋风干扰的一些地区外，整个菲律宾群岛都被热带雨林所覆盖。在第二次世界大战之前，菲律宾国土仍有50%～70%为热带雨林所覆盖。第二次世界大战以后，由于重工业和农业的迅速发展，人类开始对热带雨林进行开发，拉开了砍伐热带雨林的序幕。以后菲律宾热带雨林的面积逐年缩小，1971年为国土面积的44%，1976年为38%，1982年为20%，而到了90年代，几乎所有低海拔地区的原始森林都被砍伐殆尽，只有高海拔地区的一些苔藓林幸运地保存下来，但这种森林中的树都比较矮，不适合食猿雕营巢，其结果必将导致食猿雕的濒临灭绝。

棉兰老岛过去拥有菲律宾保存最为完好的热带雨林，也是食猿雕种群数量最多的一个岛。但是，由于近40年的不断砍伐，棉兰老岛的森林破坏很大，被分割成许多小块。所剩无几的食猿雕也只能残存在这些小块林地中。由于种群之间彼此隔离，因而更容易受到侵害。

除砍伐森林外，人类的狩猎捕杀也是导致食猿雕濒危的极为重要的原因之一。因为食猿雕的繁殖期较长，在巢中逗留的时间也较长，这使得人们能够轻易地猎取它们。即使是在天空中翱翔的时候，食猿雕也会因为飞行速度缓慢而遭到射杀。栖息在村庄附近的食猿雕有时会捕食小猪、小狗一类的家畜，这更成为当地山区农民猎杀它们的一个借口。

身披斗篷的"超人"——白肩雕

中文名：白肩雕

英文名：Aquila heliaco

别称：御雕

分布区域：欧洲、非洲、亚洲都有分布

　　白肩雕在亚洲的分布范围较广。在我国多见于新疆、甘肃、青海、陕西，并常到长江中下游、福建、广东等地越冬。它栖息于山地，可达海拔1400米的高处，也见于草原、丘陵、河流的沙岸等地。白肩雕为我国的一级保护动物，被列入《濒危野生动植物种国际贸易公约》附录I中。

　　白肩雕的体形比金雕小，全身呈黑褐色，背部具有光泽，肩有白羽；头、颈为褐色，缀以黑斑；尾为灰褐色，具有不规则黑色横斑。白肩雕飞翔时，常缓缓地鼓动着双翼在空中滑翔。

　　白肩雕在捕捉猎物的时候有一个怪脾气，那就是喜欢让小动物们自投罗网。所以它喜欢长时间蹲在一个地方不动，窥视猎物的到来，当黄鼠、跳鼠等出现时，突然飞起捕捉。有时，它们也吃一些鸟类和动物的尸体。

　　白肩雕不仅分布在我国，在西班牙与葡萄牙等一些国家也可看见它们的踪影，但是同样很稀少。它在20世纪60年代曾一度濒临灭绝。

　　那么，是什么原因使得白肩雕的数量锐减呢？除了人类的捕杀外，对于白肩雕而言，最大的危险就是触电。白肩雕在飞行途中经常会遇到高压电线，一旦撞上就会失去性命。约60%出生不到1年的小白肩雕都是死于触电。

　　为此，人类也做出了很大的努力来挽救这些可怜的生灵，比如西班牙最高科学研究中心的生物学家们发明了电子"牧羊犬"，用来"教会"幼雕避免触电。科学家在雕巢附近的电线杆上安装这种电子装置后，可使电流变得微弱。当有小雕即将触到电线时，会受到一阵"无害但讨厌"的电击，提醒它们务必远离此物。同时，西班牙还进行了多项保护幼小雌雕的试验。目前雄性白肩雕数量大大超过雌雕。如果白肩雕雌雄比例不平衡，产蛋量就将下降，最终也同样会走向灭绝。

　　只要人类能够始终不放弃对生命的关爱，那么，白肩雕的悲惨境遇一定会有所改变。

游泳天才——秋沙鸭

中文名：秋沙鸭

英文名：Mergini

别称：废物鸭、鱼鸭

分布区域：欧亚大陆、非洲北部

秋沙鸭的体长68厘米左右，嘴细长有钩，虹膜是褐色，嘴和脚是红色。繁殖期的雄鸟头部及背部是绿黑色、与光洁的乳白色胸部及下体形成鲜明对比。飞行时，翅膀的白色外露并夹杂一些黑色。雌鸟和非繁殖期雄鸟上体为深灰色，下体浅灰色，头棕褐色，身体的羽毛有些蓬松。

秋沙鸭是天生的游泳健将，小秋沙鸭一出生就能在水中自由地活动。它们以鱼虾为主食，同时也吃水中的昆虫等。每年4月中旬是秋沙鸭繁育季节。这时它们为先寻找天然树洞作为自己的巢穴，在洞的底部铺上木屑和树叶，上面再铺一层羽绒。秋沙鸭也是一种候鸟，一般在每年的9～10月间飞往长江以南过冬。

由于环境的原因，它们的数量在一天天减少，目前很少能看到秋沙鸭了。它已被列入国家林业局发布的《国家保护有益的或者有重要经济、科学研究价值的陆生野生动物名录》。

大多数鸭都栖息在湖泊和河流岸边的草丛中、蒲苇滩里的凹地上以及堤岸近处的浅窝里或芦苇丛中的低洼处。但秋沙鸭却以天然树洞为家，作为生儿育女的安乐场所。这是秋沙鸭的精明之处，因为秋沙鸭的家在树上，这样

可以避免自己的雏鸟不受天敌的侵害。

　　秋沙鸭在全世界有7种，我国分布着珍贵的4种：班头秋沙鸭、普通秋沙鸭、红胸秋沙鸭和中华秋沙鸭。其中，中华秋沙鸭为我国特有鸭类。这些秋沙鸭中，只有红胸秋沙鸭不在树洞中安家。

原始之鸟——麝雉

中文名：麝雉

英文名：Hoatzins

别称：爪羽鸡

分布区域：哥伦比亚、委内瑞拉和巴西西北部

麝雉是世界上现存的最原始鸟类之一。它是中型鸟类，体长为60～65厘米，体重800克，头部为栗色，脸部蓝色，头顶长有美丽的羽冠，嘴很坚硬，近基部有锯齿，口角部的周围生有刚毛，眼睑上也生有明显的睫毛。上体主要为褐色，尾羽末端皮黄色；下体主要为皮黄色，腹部栗色。

它的原始性首先表现在奇特的胸骨上，特别是它的龙骨后部发达，胸骨前方狭小，其后端与锁骨愈合。其次，它的雏鸟也与其他鸟类不同。雏鸟出壳时，身上有稀疏的胎毛，前肢2指的指骨上长有2个长爪，这种长爪在它们长大以后就会消失。雏鸟能用长爪和坚硬的嘴迅速攀登树木，而它们的飞羽却生长缓慢。雏鸟也会游泳。遇到敌害时，它们常攀树或潜水逃避，危险过后重新爬回巢中。

除了麝雉之外，只有始祖鸟、古翼鸟等化石鸟类的翼上才有爪存在，所以说麝雉是世界上最古老的鸟类之一，堪称鸟类中的活化石，因此人们也称它为"史前鸟"。

麝雉栖息于经常遭到水淹的森林中，不善于飞行，却擅长游泳。它主要以粗糙的树叶为食，也吃一些植物的花和果实等。它的嗉囊特别发达，具有

强大的肌肉组织，可以像砂囊一样研磨食物，还会有牛那样的反刍现象。由于吃食太多而发出臭气，使身体带有一股强烈的臭味，所以也叫"臭雉"或"臭安娜"。

麝雉经常组成较大的群体，每个群体共有10～15个不等的成员。它们的势力范围半径为35～40米，如果一个家族越界，会很快引起家族之间的争斗。麝雉善于游泳和潜水，也能飞行，在落地时，头部和尾部一起贴地，然后抖动它的冠毛。麝雉常常在水面上方的树枝上筑巢。每窝产卵2～3枚，卵为黄白色，孵化期为28天。

麝雉幼鸟的行为与众不同，一般鸟类的幼鸟长大以后就离开亲鸟独立生活，而麝雉从出生后一直要在亲鸟的身边足足待上3年。在这3年中，至少有2年的时间，要帮助亲鸟耐心细致地照料在它之后出生的幼小的"弟妹"和守卫巢地，当遇到危险时还必须挺身而出掩护"弟妹"，甚至不惜牺牲自己的生命，真可谓是"手足情深"！

一般情况下，不满3岁的麝雉幼鸟全部生活在近水的岸边，稍微受到惊吓，它们就会毫不犹豫地跳入水中潜逃。但是，南美洲的河流里栖息着不少残暴贪婪的皮拉鱼和美洲鳄，事实上，麝雉幼鸟下水潜逃往往是见到树上的敌害而引起的，例如遇到成群的卷尾猴袭击等。这时，年龄较大的麝雉幼鸟，会冒着被凶残的皮拉鱼和美洲鳄吞食的危险，奋不顾身地引开敌害，勇敢地从大约6米高的树上跳入水中。这种不惜牺牲自己来求得家庭兴旺发达的举动，在动物世界里是十分罕见的。令人欣慰的是，绝大多数的麝雉幼鸟落水以后，都能够迅速潜入水底，避开凶鱼、恶鳄的攻击。

在强敌遍地的南美洲丛林中，麝雉是弱小的"居民"。它们之所以能得到生存、繁衍和兴旺，其中一个重要原因就是家庭中充满"手足之情"。那些"劳苦功高"的麝雉幼鸟，出生3年后已有了"接班人"。于是它们就永远离开原来的家庭，各自物色如意伴侣后开始了新的生活。

长尾巴的"司仪"——白腹锦鸡

中文名：白腹锦鸡

别称：铜鸡、笋鸡、衾鸡、箐鸡、宽宽鸡

分布区域：缅甸东北部至中国西南部

　　白腹锦鸡属鸡形目，雉科。在我国主要分布于西藏东南部、云南、四川南部、贵州西部至广西西部，是我国二级保护动物。

　　雄白腹锦鸡非常美丽，其体长约1.2米，头顶上、胸、背以及两翼呈现出富有金属光泽的深绿色，有猩红色的冠羽，白色的颈背呈扇贝形而带黑色边

缘，白色的腹部黄腰，尾羽特长微有下弯，白黑两色相间，部分尾端为橘黄色。相比之下，雌鸟则逊色了许多，它们体形较小，长约60厘米，上体多黑色和棕黄色横斑，胸栗色并多具黑色细纹，虹膜褐色，嘴脚都呈蓝灰色。

白腹锦鸡多生活在低山、中山和高山地区的森林中和灌丛中，以多种植物的嫩芽、叶、花、果和种子为食，也吃蘑菇、白蚁和蝗虫。它们的叫声有多种变化，彼此联系时、发觉有危险时、母鸟寻找小鸟时、小鸟寻找妈妈时，或是在繁殖期，它们都会发出不同的鸣叫声。平时，白腹锦鸡常成小群活动，在森林中游荡觅食。繁殖季节里，雄鸟会占据一块山地，禁止别的雄鸟进入，甚至有时还会为争夺地盘发生激烈打斗。

白腹锦鸡通常在4月下旬开始繁殖，筑巢于人畜罕至的山坡地面上的倒木枯枝或巨岩缝隙中，以枯叶或残羽为材料，非常隐蔽。每窝产卵5～9枚，浅黄褐色或乳白色，光滑无斑。孵卵期为21天。

白腹锦鸡在我国古代是高贵的鸟类，二品官的官服上绣的就是白腹锦鸡。170多年前，英国人便把白腹锦鸡带到伦敦饲养。它作为世界上最漂亮的观赏雉之一，同红腹锦鸡一样，在各地动物园和野生动物养殖场均有饲养，受到人们的广泛喜爱。

美洲神话——凤尾绿咬鹃

中文名：凤尾绿咬鹃

英文名：Magnificent Quetzal

别称：格查尔鸟、爱沙尔克鸟、绿咬鹃

分布区域：墨西哥南部、尼加拉瓜、哥斯达黎加和巴拿马等地的森林中

凤尾绿咬鹃在中美洲的神话传说中占有重要地位。在古代玛雅和阿兹特克文明中，凤尾绿咬鹃被认为是羽蛇神的化身，象征着天国与灵魂，是一种受到尊崇的圣鸟，只有国王和高级祭司才可以佩戴这种长达1厘米翡翠般的尾羽。在他们的社会中，绿咬鹃亮绿的尾羽是比黄金还珍贵的物品，严禁杀死绿咬鹃，违者处以极刑。

相传，在西班牙殖民者入侵之前，凤尾绿咬鹃总是唱着美妙的歌曲，殖民者入侵之后，它们就开始变得沉默。当危地马拉得到解放之后，它们又开始欢歌了。由于凤尾绿咬鹃喜欢自由，所以，如果人们捉到凤尾绿咬鹃，想进行长期饲养，是不可能的，它会在短期内死去。出于这个原因，人们把凤

尾绿咬鹃看作是自由的象征。

　　咬鹃体长38～41厘米，它的脚趾与其他鸟类均不相同：1、2趾向后，3、4趾向前，为异趾形。幼年的凤尾绿咬鹃保留有一双原始的爪，就像始祖鸟或翼龙的爪，成年后则消失。凤尾绿咬鹃又叫做"阿兹特克鸟"，是咬鹃中体型最大的，加上尾羽可长达70厘米。咬鹃是色彩鲜艳的鸟类，有着极其华丽的外表：绿色的羽毛，红色的胸部上具狭窄的半月形白环，雄性绿咬鹃还有几只如同凤凰一样平滑且长长的尾羽，是美洲最美丽的鸟类之一。

　　咬鹃栖息于森林地带，杂食，像丛林中的昆虫、水果、青蛙都是它们的食物，也吃植物果实等。

　　咬鹃营巢于树洞中。每年的3～6月，是凤尾绿咬鹃的交配繁殖季节。它们以距地面20～30米高的树洞为巢。雌鸟每窝产2枚卵，卵呈淡蓝色，孵化期约17～19天，幼鸟破壳出世后，双亲哺育3周左右就能独立生活。

第四章

益鸟家族——人类的好帮手

　　益鸟种类繁多，在生存环境、生理结构、生活习性上千差万别。有的益鸟已被人们熟知和保护，有的则未被认识，甚至有的还被当作害鸟看待。经常遭到人们的捕杀。益鸟是捕食害虫、害兽或已被现代科学证明直接或间接对人类有益的鸟类，被称为"人类的好帮手"。

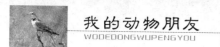

害虫克星——戴胜

中文名：戴胜

英文名：Eurasian Hoopoe

别称：胡哱哱、花蒲扇、山和尚、鸡冠鸟、臭姑鸪

分布区域：俄罗斯、朝鲜、印度、中南半岛、马来西亚、印度尼西亚的苏门答腊、孟加拉国、欧洲、亚洲西部、非洲；中国大部分地区

戴胜的体长为25～32厘米，体重53～90克。它的外形很美丽，头上有长的扇形状的羽冠，颜色为沙粉红色，有黑色端斑和白色次端斑，所以又叫"鸡冠鸟"。翅膀宽圆，具粗著的黑白相间横斑。头侧和后颈呈淡棕色，上背和肩则为灰棕色。下背黑色而杂有淡棕白色宽阔横斑。腰白色，尾羽黑色而中部具一白色横斑。额、喉和上胸葡萄棕色。腹白色而杂有褐色纵纹。虹膜暗褐色。它的嘴又细又长，而且向下弯曲，呈黑色，基部淡肉色，脚和趾铅色或褐色。

戴胜经常栖息于山地、平原、森林、林缘、路边、河谷、农田、草地、村庄和果园等环境。常在地面上慢步行走，有时也在树上栖息。它们平时羽冠平伏，稍有惊动，立刻竖起、展开，迎风招展，绚丽多彩，非常好看。鸣声粗壮而低沉，似"呼——鹁鹁"，三声一度，往往连叫数声，由高而低，叫得很快，所以又叫"呼鹁鹁""咕咕翅"。戴胜鸣叫时羽冠耸起，旋又下伏，随着叫声一起一伏。耸冠时伴随着喉向前鼓起，并向下连连点头，看上去很有趣。飞行时轻盈袅娜，两翼上下鼓动，很像一只大蝴蝶。

戴胜是食虫鸟，主要以金针虫、蝼蛄、行军虫、步行虫和天牛幼虫等害虫为食，这些害虫占到它总食量的88%。在保护森林和农田方面有着较为重要的作用，是我国二级保护鸟类。

戴胜生性活泼，喜爱在开阔潮湿地地面，长长的嘴在地面翻来覆去寻找食物。有警情时冠羽立起，起飞后松懈下来。戴胜很多时候单独或成双成对活动，很少见到成群结队的戴胜。平时都在地面寻食，用弯长的鸟喙插进土里翻掘出啄食昆虫、蚯蚓、螺类等。一旦受到惊吓，立即飞向附近的高处。性情较为驯善，不怕人类。

戴胜每年5~6月进入繁殖期，在北方常以天然的树洞和啄木鸟凿空的蛀树孔里营巢产卵，有时候也把窝建在岩石缝隙里和断墙残垣的窟窿中。每次产卵5～9枚椭圆形的鸟卵。雏鸟孵出后，卵壳有的被亲鸟吃掉有的被衔出巢外，但是堆积在窝内的秽物和雏鸟粪便却从不清理打扫，加上雌鸟在孵卵期间会从尾部的尾脂腺里分泌一种非常恶臭的褐色油液，因此弄得巢中又脏又臭、臭气熏天、污秽不堪，这就是俗称的"臭姑鸪"的由来。

花脸大侠——山雀

中文名：山雀

英文名：titmouse

别称：仔仔黑、白脸山雀、仔伯

分布区域：欧洲、西北非和亚洲

　　山雀是比麻雀小的食虫鸟，生活于平原、丘陵、山地林区，在山地林区数量较平原地区的数量多。山雀的羽毛大多以灰褐为主，常在树洞或房洞中筑巢，几乎每天都在林间取食昆虫，且大多数为害虫，因此为农业、林业所欢迎的对象。

　　在山雀家族中，大山雀可算得上是体型较大的一个种类了。它们有的穿着黑色的衣服，有的穿着灰色的衣服，有的则很爱干净，经常穿白色的衣服。说它们是花脸大侠，一点都不假。因为它们的头顶是黑色的，脸的两侧各有一个椭圆形的白斑，到了喉咙处又变成了黑色，颇有京剧脸谱的味道。

　　对于大山雀来说，雌性和雄性的体形和颜色没多大差别。虽说在山雀家族中它们的体形较大，但却比麻雀秀气多了。大山雀们很时尚，雄性系着领带，扮成"绅士"；雌性系着丝巾，扮成"淑女"，而且，这丝巾和领带都是黑色的。原来，在大山雀颔下有一条黑线，这条黑线一直延伸到下腹部，远看酷似人们戴的领带和丝巾。

　　虽说大山雀喜欢追求时尚，可它们也没忘记自己的职责——保护植物。在山林中，它们是十足的食虫鸟，它们的嘴部则又细又长，喜欢捕捉鳞翅目

和鞘翅目的昆虫。到了冬天，它们就以树皮中的虫卵为食，这一招可帮了植物的大忙了。

每年的3～8月，是大山雀恋爱结婚的季节。在结婚前，得先布置一下新房，所以到了四五月，大山雀就开始建造新房了。它们一般会把新房安置在树洞中，整个房屋的形状就像一个杯子，外墙用苔藓、草茎等材料砌成，里面则垫上羊毛、棉花和羽毛等柔软材料。

许多种类的大山雀具有浅色或白色的脸颊与黑色或深色的头顶形成鲜明对比，有不少具冠。山雀的喙短而结实，腿也短。所有种类多数时间生活在树上和灌丛中，但也会到地面觅食。它们小巧玲珑，能轻松自如地倒挂于细树枝上。大部分种类终年为留鸟。

多种山雀以食昆虫为主。有不少种类也食种子和浆果，尤其是在寒冷地区的种类，种子是它们冬季的主要食物。冬季，山雀在花园和喂鸟装置前频繁出现的原因是可以获得大量的种子食物。有些山雀会储藏食物，其中主要是种子，有时也可能是昆虫，这些食物通常藏于树皮的裂缝里或埋于苔藓下面。贮藏的食物有的可能一段时间都不会用上，也有的可能刚藏起来数小时便取走。在暖和的繁殖季节，所有种类都会给雏鸟喂食昆虫。一对青山雀的配偶在雏鸟发育最快的那段时间会以平均每分钟一条毛虫的速度喂雏，而在雏鸟留巢期间，喂雏的毛虫超过1万条。所以山雀被认为(尽管证据尚不确凿)在控制森林虫害方面起着重要作用，人们也因此为它们设置了大量巢箱。

春天使者——燕子

中文名：燕子

英文名：swallow

别称：玄鸟、马丁燕

分布区域：亚洲东南部、非洲北部和东部、欧洲大部地区

燕子几乎受到所有人的喜爱，因为它们飞行能力突出，模样可爱，是春天的使者。它们食昆虫，喜欢在离人很近的地方营巢。

最新的分类体系中燕科含14属89种。然而，由于燕通常生活在空中，对其进行形态研究受到限制，因而难以做出精确的评估。燕遍布除南极外的世界各大洲，北极地区和少数偏远海岛则没有分布。燕科很可能起源于非洲，那里拥有最多的本地繁殖种类(29种)，中南美洲次之(21种)。少数种类在多个大洲繁殖，如崖沙燕除了在非洲北部繁殖外，还在欧洲、亚洲和北美繁殖。

燕很容易识别：修长的身材，狭长而尖的翅，叉形尾，外侧尾羽通常很长，似长条旗。这些特征与它们在空中觅食无脊椎动物的生活方式相吻合，同样也见于其他与它们并没有亲缘关系却具有类似生活方式的鸟类，如雨燕。

燕子还是建窝筑巢的好手。到了春天，燕子从南方飞回北方后，会选择一个合适的屋檐开始筑巢。它们通常会选择朝南的屋檐，因为那里不但向阳温暖，而且还可避免风雨的侵袭。筑巢时，燕子站在墙上或梁上，借助羽毛支撑身体，把衔来的泥和着口中的唾液堆在墙上，再衔些碎石、麦秆、草棍

等混进泥土里，外面围上泥，里面放入羽毛、干草、一个碗状或杯状的巢就筑成了。完成这项工作大约需要四五天的时间。巢筑好两三天后，燕子就可以在里面产卵孵蛋了。成鸟对巢址的忠诚使巢的再利用成为可能，这在筑泥巢的种类中很普遍。然而在地洞中筑巢的种类则很少对巢进行重复利用，甚至在育第二窝雏时就会换巢，原因是巢穴倒塌的可能性太大。此外，一对配偶也会根据巢内寄生虫感染程度的高低来决定是否对它进行再利用。事实上，寄生虫感染这一因素会导致之前很大的繁殖群居地一夜之间被遗弃，这种现象在美洲燕中经常发生。

燕子是一种候鸟。秋季，它们会飞往温暖的南部地区去越冬；春季，又成群结队地飞回北方来，所以古人说它们是报春的使者。燕子具有流线型的身材，长着一对狭长的翅膀，尾羽分叉，好像一把剪刀，身材小巧玲珑，动作灵活敏捷，是飞行的高手。冬季，燕在温带地区的食物供应大为减少，因而许多种类都会进行迁徙。但与其他大部分雀形目候鸟不同的是，燕在昼间迁徙，而且为低空飞行。此外，它们还经常在迁徙途中觅食，因此脂肪储备量

较同等大小的其他候鸟低。在非洲繁殖的种类常随降雨模式而进行迁徙，但具体情况鲜为人知，而其他一些种类如灰腰燕，则似乎到处"流浪"，并没有固定的迁徙路线。

捕鼠专家——猫头鹰

中文名：猫头鹰

英文名：Strigiformes

别称：鸱、枭

分布区域：除南北极以外世界各地均有分布

    在我国，猫头鹰被视为"不祥之鸟"。民间曾有"夜猫子进宅，无事不来""不怕夜猫子叫，就怕夜猫子笑"等说法。猫头鹰被人称为逐魂鸟、报丧鸟等，古书中还把它叫做怪鸱、鬼车、魖魂或流离，在人们的眼中，猫头鹰的到来预兆着厄运和死亡。产生这些看法的原因可能是因为猫头鹰的长相奇怪：两双眼睛又大又圆炯炯发光，使人感到害怕；两耳直立，好像古代神话传说中的双角怪兽，使得古人多用"鸱目虎吻"来形容古怪之貌；猫头鹰在夜晚的叫声像鬼魂一样阴森凄凉，使人更觉的恐怖，以前，人们把猫头鹰叫做"恶声鸟"，在《说苑·鸣枭东徙》中有"枭与鸠遇，曰：我将徙，西方皆恶我声。"的寓言故事。但是在古希腊，猫头鹰却被尊为雅典娜和智慧的象征。希腊神话中的智慧女神雅典娜的爱鸟就是一只猫头鹰。在日本，人们认为猫头鹰是福鸟。猫头鹰曾是长野冬奥会的吉祥物，代表着吉祥和幸福。人们害怕猫头鹰就认为可以用它来驱除邪恶。在英国，人们认为吃了烧焦以后研成粉末的鸟蛋，可以改变视力。约克郡人则认为用猫头鹰熬成的汤可以治疗咳病。印第安人的后裔现在仍保留猫头鹰的图腾舞，不但有大型木雕的猫头鹰形象，而且有舞蹈，舞者衣纹为猫头鹰，全身披挂它的猎获物老鼠。

　　猫头鹰属鸮形目，是一种夜行性猛禽，世界各地都有分布，约有180多种。其头部宽大似猫头，喙和爪都呈钩状弯曲，非常锐利，嘴的基部有蜡膜，眼睛与其他鸟类不同没有长在头部两侧，而是位于正面，视野宽广，听觉也十分灵敏。它们大都树栖，是典型的森林鸟类，飞行时无声，昼伏夜出，主要以鼠类为食。

　　猫头鹰一般在晚上行动，因此，猫头鹰有独特的视觉与听觉系统。在漆黑的夜晚，猫头鹰那巨大的瞳孔比人眼的能见度要高出3倍多。它的视网膜主要由圆柱细胞构成，在夜间的感光度比人眼大100倍。它的颈部十分柔软，头可以左右旋转270°，有利于在森林中搜寻猎物。猫头鹰还长着一对可以辨别声音的耳朵，听力极其敏锐。由于头骨不对称，所以它的两只耳朵不在同一水平线上，当声音传来时，靠近声源的那只耳朵接收到的音量要强一些，这种极其微小的音量差，能使猫头鹰准确判断出声源的位置。猫头鹰能察觉到每秒振荡8500次以上的高频音波，而野鼠活动时发生的音波频率，正好在这个范围之内，所以任何老鼠都无法逃过猫头鹰的捕杀。

　　因为羽毛柔软，翅膀上又长着天鹅绒一般的羽绒，所以猫头鹰在空中飞行时无声无息，一般的动物很难发现它们。当猫头鹰判断出猎物的方位时，就会迅速出击，这样的进攻就像是一场无声的"闪电战"。在捕捉猎物时，它们的耳朵可以帮助它们确定动物所在的位置，如果动物移动了，猫头鹰也会跟着移动，直到最后把猎物拿下。

森林医生——啄木鸟

中文名：啄木鸟

英文名：Piculus

分布区域：中国、挪威、德国、俄罗斯、日本，阿尔卑斯山、巴尔干半岛、东南亚

啄木鸟属䴕形目，啄木鸟科，啄木鸟亚科。种类很多，全世界共有200多种，几乎遍布全球。在我国分布较广的为绿啄木鸟，体长近30厘米，体羽主要是绿色，雄鸟头顶有红色。斑啄木鸟体长约22厘米，上体多黑底白斑。这两种啄木鸟分布在我国南北各地，多为留鸟。啄木鸟有一个独特的本领，它能发现隐藏在树皮底下及树干中的害虫，并能把它啄出来吃掉，它是有名的森林"卫士"。据统计，啄木鸟每年冬季

吃掉90%以上越冬的蠹虫幼虫。所以，啄木鸟无论是对人类来说，还是对自然界来说，都是一种益鸟。

啄木鸟非常善于抓攀，它脚上朝后长的爪子有很强的紧握能力，便于啄木鸟跳上树干寻找昆虫。啄木鸟经常顺螺旋形的路线攀爬，它尖利的喙能啄进树干里面，等到洞啄开后，它那长长的舌头就会伸入洞中。啄木鸟的嘴在树木上快速啄食昆虫时，就像一把锤子在不停地快速敲打坚硬的树木。啄木鸟的嘴不仅可以啄木觅食，还能在树干中挖洞建巢，平时，它们的嘴还用来传达信息和示威。一些绿啄木鸟有长达15厘米的舌头，任何昆虫都会被它舌头末端的倒钩和黏液卷出来。有些则以水果和果浆为食。春天到来的时候，雄啄木鸟就会发出响亮的叫声，那是它们在求偶。这些叫声往往因为有树洞的存在而显得特别响亮。在其他季节，啄木鸟则显得特别安静。另外，啄木鸟还有一个有趣的习性，那就是喜欢独居，偶尔也会成双成对地旅行。

大部分啄木鸟的一生都在树上度过。它们体型中等，具有对趾型的足，即第二、三趾向前，第一、四趾向后。喙强直尖锐，可以用来凿开树皮。舌细长，能伸缩，尖端生有短钩，适于钩食树木内的蛀虫，因此它们整天不停地围着树干转，以寻找树木里的昆虫。只有少数在地上觅食的啄木鸟能像其他雀形目的鸟类一样，站在水平的树枝上。

和其他鸟类相比，啄木鸟有两种最为有趣的特征，第一就是它发音的方式很特别，啄木鸟发出的永远是那种"噗、噗、噗"的单调的声音，这种声音很像是"打鼓"声，好似远处一座古庙里传出来的敲击木鱼的声音，显得那样虔诚、肃穆。另外一个有趣的生理特点就是啄木鸟的舌头是从鼻孔里长出来的。啄木鸟的舌头在头部有一套自动机关，而连接在舌根上的却是一条具有弹性的结缔组织，姑且称之为舌根的延长吧!这个延长部分从腭下穿出来，伸展向上，绕过后脑壳，向脑顶的前部进入右鼻孔固定，只留左鼻孔供呼吸之用。当这条舌根从后脑及腭下向外滑出时，舌头就可以伸展得极长。

渔民帮手——鸬鹚

中文名：鸬鹚

英文名：Cormorant

别称：鱼鹰、水老鸦

分布区域：除南北极以外，全球都有分布

鸬鹚有黑色的羽毛，并带有紫色的金属光泽。它的肩羽和大覆羽呈暗棕色，羽边为黑色，呈鳞片状。鸬鹚个头较大，体长有1米左右。它还长着强状有力而呈锥状的嘴，适合在水中捉鱼。人们通常把鸬鹚叫做水老鸦、鱼鹰。在鸟类家族中，鸬鹚既是游泳能手，也是专业的捕鱼行家。在有些地方，鸬鹚被进行专门饲养，人们训练它进行捕鱼。

鸬鹚长着长长的带钩子的嘴，在捕猎的时候，它们就会像跳水运动员一样，一头扎进水里。鸬鹚的翅膀能像船的桨一样划水，在长满水草的地方，鸬鹚主要是用它那像鸭脚一样的下肢游泳；而在清澈见底的水中，则是翅膀和脚并用。

鸬鹚十分喜欢吃鱼和甲壳类动物。在昏暗的水里，鸬鹚会偷偷地靠近已经发现的小鱼，然后突然伸长脖子，用那带有钩子的嘴咬住小鱼。无论多么灵活的鱼，都逃不过这致命的一击。其实，在浑浊的水里，鸬鹚也看不清东西，它是依靠敏锐的听力才做到百发百中的。

鸬鹚是大家公认的"模范夫妻"，一旦结了婚，雌鸟和雄鸟不仅相处融洽，而且时时刻刻都会在一起。它们结伴同行，互相关心，互相帮助，共同努力，

建造自己的家园，一起照顾刚出生不久的孩子。在古代，人们经常把鸬鹚当做幸福、美满婚姻的象征。

鸬鹚在地上行走时会像鸭子一样摇摇摆摆，样子很可爱；而一旦进入水里，游动的速度就非常快，鱼儿一见到它们，便会吓得晕头转向。鸬鹚的喉部有一处能膨胀的地方，它们会把捕到的鱼暂时储存在里面，等饥饿的时候再享用。因此，有些渔民就利用它们的这个特点进行捕鱼。

鸬鹚一般都能飞翔，但也有不能飞的鸬鹚。例如加拉巴哥群岛就生活着一种不会飞的鸬鹚。因为不会飞，所以它们更容易受到天敌的侵害，但它们游泳和潜水的本领很强。每年的6月份是鸬鹚的繁殖期，每窝产卵3～6枚，卵的形状为圆形，颜色有白色和蓝色，由雄鸟和雌鸟轮流孵化，孵化期约28天左右。不过在靠近北方的一些地区，它们的繁殖期比较晚。大部分鸬鹚是留鸟，但是也有一小部分要飞到温暖的地方过冬。

鸬鹚的种类很丰富，它们的相貌和习性各有特色。生活在加拉帕哥斯群岛上的加拉帕哥斯鸬鹚，和广泛分布在亚洲和非洲的大鸬鹚都是十分有特色的品种。在我国有5种鸬鹚，分别为：鸬鹚、斑头鸬鹚、海鸬鹚、红脸鸬鹚和

黑颈鸬鹚。鸬鹚主要栖息在海岸、河口地带，以鱼、虾为主食，有时也会食用少量的海藻、海带、海紫菜等。活动时多沿海面低空飞行，或在海岛附近的海面游泳，并且频频地潜入水中觅食，有时也能见到少数个体在海岸附近的沼泽地带活动。休息的时候，如果受到干扰，它们就会急促飞起，并将胃内没有消化的鱼骨、鱼鳞等食物用一个黏液囊反吐出来，用来减轻体重，加快飞行速度，以便迅速逃避敌害。而它们吐出的食物残骸则会被成群的海鸥食用，进行"废物利用"。

吃腐尸的鸟——秃鹫

中文名：秃鹫

英文名：cinerousVulture

别称：座山雕

分布区域：非洲西北部、欧洲南部；亚洲中部、南部和东部

  秃鹫是一种大型猛禽，它身长1米左右、宽0.6米，两翼张开可达3米长。由于它的头上和脖子上光秃秃的，没有长一根羽毛，所以人们叫它秃鹫。它容貌丑陋，小小的圆头上有一双阴森森的大眼睛，巨大的嘴巴则像大铁钩，看去活像一个面目凶狠的老者，令人望而生畏！

  秃鹫栖息在海拔2000～5000多米的高山和草原上。主要在低山丘陵和高山荒原与森林中的荒岩草地、山谷溪流和林缘地带活动，冬季偶尔也到山脚平原地区的村庄、牧场、草地以及荒漠和半荒漠地区。它们常常单独活动，偶尔也成小群，特别在食物丰富的地方。白天常在高空悠闲地翱翔和滑翔，有时也低空飞行。

  秃鹫与其他猛禽不同，它主要吃牛、马、羊、鹿等牲畜的尸体。每天早晨，其他猛禽如鹰、隼、鸢等都振翅在空中盘旋低飞，去寻找和猎取蛇、鼠、兔、小鸡等，惟独秃鹫在山顶岩石上屹立不动，静静地等待阳光把山石和地面晒得灼热，它们才从岩石上跃起，借地面上升起的热流翱翔，盘旋在空中俯视觅食。秃鹫的两眼特别敏锐，即使它飞得很高也能发现地上的动物。当它发现地上不活动的动物之后，它不会连续1～2天的时间在空中盘旋察看，从高到低、从远到近考察，以判断它是动物的尸体还是活的动物。一旦判明

是动物的尸体，就会猛扑到尸体上狼吞虎咽起来，过不久，就会有几十只甚至上百只的秃鹫蜂拥而降，连撕带抢，很快就把尸体吃得一干二净，只留下一堆白色的啃不动、摔不碎的尸骨。

秃鹫带钩的嘴就像铁钩一样，能撕破韧皮、钩出内脏；它那光秃秃的头颈能伸进尸体的腹腔中。另外，在它脖子的基部长了一圈较长的羽毛，可以防止吃食尸肉时弄脏身上的羽毛。秃鹫的脚爪大都不很发达，只起支持和撕裂尸体的作用，不能捉获活的动物，但它却因为没有长爪的拖累，可以更方便地在地面上奔跑和跳跃。所有这些特征都适于秃鹫在地面上吃食尸体。秃鹫吃食了地面上的动物尸体，可以避免尸体的腐败变臭，防止传染病流行，对环境起了清洁作用，是有名的清道夫。

人如果吃了腐败变质的肉食品，常会发生胃肠疾病，轻则上吐下泻，重则中毒身亡。秃鹫专食腐肉而不得病，因为它有一套防病术。那就是它的消化系统能分泌出大量的含有抗菌素的粘液。它不但能杀灭随尸肉进入的各种病菌，而且在吃完食物后，还会吐出这种粘液涂擦双脚和身体，杀死沾在身上的病菌，起着消毒作用。此外，秃鹫总是喜欢在阳光下吃食尸肉，吃完腐肉后，它总是要展开翅膀做日光浴，这样可以利用阳光中的紫外线杀灭身上的病菌，为自己消毒一番，有了这一套防病术，秃鹫吃了尸肉就能心安理得，平安无事。

食狼之鸟——金雕

中文名：金雕

英文名：Golden Eagle

别称：鹫雕、黑翅雕

分布区域：欧亚大陆、日本、北美洲和非洲北部；中国东北、华北、西北、西南以及东南部

金雕的体长足有1米，翼长约70厘米，弯钩似的尖嘴也有6厘米长，锐利脚爪可达10厘米左右。金雕棕黄色的头部长有一对咄咄逼人的敏锐的大眼睛，让人看上去就不寒而栗。

金雕是一种留鸟，在全世界分布较广，其踪迹遍及欧亚大陆、北美洲、非洲北部和日本等地。在我国，金雕的活动区域也较多，包括东北、华北、西北、西南和东南的局部地区。全世界的金雕共分化为5个亚种，我国只有加拿大亚种和中亚亚种，前者分布于内蒙古东北部、黑龙江、吉林、辽宁等地，而分布于其他地区的都属于中亚亚种。

金雕一般生活于高山草原或丘陵地区，而高山草原、荒漠、河谷和森林地带也都是它们的栖息地。在冬季万物凋零时，它们也常到山地丘陵和山脚平原地带活动。金雕主要以大中型的鸟类和兽类为食，如鸠、鸽、雉、鹌、野兔、幼麝等。

金雕在静止不动时，看上去冷静沉稳，丝毫看不出猛禽风范，只有见过金雕捕食的人，才会被它的凶猛和速度折服。

　　金雕用在抓捕食物上的时间比较少，大多时候，它会沿着直线或圈状滑翔于高空，俯视地面寻找猎物，两翅呈"V"状上举，时而用柔软而灵活的两翼和尾来调节飞行的速度、方向、高度和飞行姿势。当发现目标后，金雕就会以迅雷不及掩耳之势从天而降，并在靠近猎物的最后一刹那突然止住扇动的翅膀，然后用双脚牢牢地抓住猎物的头部，将利爪戳进猎物的要害部位，被抓的小动物顿时皮开肉绽，即刻就会命丧黄泉。金雕从天而降的速度非常快，可以达到每小时300千米，因此，即使是最会跑的野兔有时候也不能逃过它的追捕。金雕的腿上全部覆盖着羽毛，脚上有4趾，3趾向前，1趾朝后，每个趾上都长着又粗又长的角质利爪，如同狮虎。捕食时，金雕脚上的利爪是必不可少的武器。这些爪就像利刃一样同时刺进猎物的要害部位，可怜的猎物顿时便皮开肉绽，马上丧命于这双利爪之下。有时候，金雕也会用自己巨大的翅膀来捕食，它只要一翅扇过去，猎物就会被其击倒在地，丝毫无还击之力。

由于金雕在捕猎方面有着其他动物所没有的优势，又不似虎狼难以饲养，因此，在内蒙古等地，特别是天山中部的柯尔克孜族人，常常会将幼雕抓来驯养。而经过严格训练的金雕，耐力极好，可在草原上长距离地追逐狼，当狼疲惫不堪时，金雕就会突然俯冲下来，一爪抓住其颈脖，一爪抓住其眼睛，死死将狼擒住。对柯尔克孜人而言，金雕除了狩猎外，还有一个很重要的用途，就是看护羊圈。有金雕守护的地方，野狼就不敢贸然行动，因此，在新疆哈萨克人的草原上，经常可以看到羊圈的周围是没有牧人的，只有一只金雕在守护着。

指路先锋——知蜜鸟

中文名：知蜜鸟
英文名：honey guide
别称：蜜鴷
分布区域：非洲地区

知蜜鸟身长10厘米左右，比麻雀稍大一点，有黄色的背羽，灰黑色的胸羽，还有棕色的尾羽上边会夹杂着一些白色的斑点。它的外貌并不引人注意，可它有一个独特的特性，即是收集情报，提供信息，指引蜜獾或人去蜂巢中采蜜，所以人们称它为知蜜鸟。

知蜜鸟喜欢在野蜜蜂巢附近栖息，也特别喜欢吃蜂蜡和蜜糖，但它害怕蜜蜂的毒针刺伤自己。说来有趣，知蜜鸟有一个喜欢吃蜜糖的朋友，它叫蜜獾。蜜獾的头部有3条白色纵纹，身上长有浓密的长毛和肥厚脂肪的獾皮，不怕蜜蜂毒针刺螫，但它找不到筑在树上或地下的蜂巢。而知蜜鸟成天在林中飞来飞去，用它敏锐的眼睛到处寻找蜂巢，一旦知蜜鸟找到了蜂巢，就会去找蜜獾，并在它头颈上一边飞，一边鸣叫，蜜獾明白知蜜鸟已找到了蜂巢，便会立即朝着知蜜鸟指引的方向跑去。知蜜鸟在前面飞，蜜獾在后面跟着跑。到达蜂巢位置。蜜獾一见树上的蜂巢，就立即爬上去，用前肢将蜂巢从树上扯下来；而对于地下的蜂巢，它就一个劲地挖掘泥土，蜂巢找到后，这两个地上、地下的同谋者就一起分享那里的甜蜜。先由蜜獾吃蜜，同时把蜜蜂赶跑，蜜獾吃饱后，会留下巢脾和一点蜜糖供知蜜鸟享用。更为有趣的是，居住在

森林中的土著人，发现了知蜜鸟和蜜獾合作捣巢吃蜜的秘密之后，也会利用知蜜鸟做向导去采蜜糖，并且留下一点蜜糖给知蜜鸟吃，作为它带路采蜜的酬劳。但人比蜜獾聪明，人得到蜂巢后，故意将巢脾装在篮中，先不给它吃，或者只给知蜜鸟一点甜头，迫使它带路找另外一些蜂巢，直到人们给它吃饱为止，才会心安理得地离开。

　　知蜜鸟和杜鹃一样，不筑巢、不孵蛋，而是偷偷地到别的鸟巢里去产蛋，由巢的主人代孵出幼鸟。但与杜鹃不同的是，知蜜鸟会飞到别的鸟巢里去哺育幼鸟。新生的幼鸟虽然没有经过父母鸟的训练，但它天生具有给蜜獾和土著人作向导采蜜的本领。

神兵天将——喜鹊

中文名：喜鹊

英文名：Eurasian Magpie

别称：鹊、客鹊、飞驳鸟、干鹊

分布区域：欧亚大部、非洲北部和北美洲西部

　　喜鹊是雀形目鸦科属种长尾鸟类，又名鹊。我们最为熟悉的是黑嘴喜鹊（普通喜鹊），除中、南美洲与大洋洲外，几乎遍布世界各大陆。在中国，除草原和荒漠地区外，全国各地都有分布，有4个亚种，均为当地的留鸟。

　　喜鹊是杂食性鸟类的一种，以动物性食物为主。无论是半翅目的蝽象，鞘翅目的步行甲、金针虫、金花虫、金龟甲；还是鳞翅目的螟蛾、枯叶蛾、夜蛾；膜翅目的蚂蚁、胡蜂；双翅目的家蝇、花蝇，都是喜鹊最爱的美餐。有时，喜鹊也会兼食一些乔灌木的果实及种子。

　　喜鹊外形似鸦，但具长尾，体长43～46厘米，除腹部及肩部外，通体黑色并发出蓝绿色的金属光泽。翅短圆，尾远比翅长，呈楔形。嘴、腿、脚纯黑色，雌雄羽色相似。幼鸟羽色似成鸟，但黑羽部分染有褐色，金属光泽也不显著。它们栖息于阔叶林内，在旷野和田间觅食，尤喜在居民点附近活动。除秋季结成小群外，全年大多成对生活。

　　喜鹊对周围环境的适应能力很强。在山区和平原地带，无论是在荒野、农田，还是在郊区、城市，人们都能看见喜鹊的身影。人类活动频繁的地方，喜鹊种群的数量就很多，而在人迹罕至的密林中，却难以见到喜鹊的身影。

喜鹊喜欢成群结队活动，白天在旷野农田觅食，夜间则在高大乔木的顶端栖息。喜鹊很有人缘，它们喜欢把巢筑在民宅旁的大树上。

喜鹊是一种城乡居民常见的益鸟。在村边大树上，每年春天都有喜鹊来做窝。喜鹊对人们最大的贡献就是吃害虫，保护森林。

松毛虫对松林的危害最为严重，它能将大片的松林吃光。而且松毛虫形象可怕，满身毒毛，鸟儿见了都吓得退避三舍，所以，松毛虫有恃无恐，肆无忌惮地危害松林。为了对付松毛虫，人们一直在寻找鸟类勇士。近年来，人们发现灰喜鹊是位无所畏惧的豪杰。它见到松毛虫，就像遇到可口的美味，毫不犹豫地冲上去，一口叼住松毛虫，然后在树杈上或者石块上连续不断地摔磨与叼啄，一直到松毛虫被折腾得血肉模糊，才放心地食下肚去。

灰喜鹊的食量很大，一天之内可以吃掉上百条松毛虫。科学家计算过，一只灰喜鹊每年可以消灭15000条松毛虫，可以保护1～2亩松林。灰喜鹊一时成为保护森林的大英雄，人们将它拍成电影，称赞它是围剿害虫的神兵天将。

另外，灰喜鹊经过人工驯养后，能听从人的口令，这更是难得的一大优点。人们把灰喜鹊从小驯养，经过驯化后的灰喜鹊，能听从驯鸟员的调遣，到松林里去执行灭虫任务。因此，目前在许多林区盛行饲养、驯养、繁殖和招引灰喜鹊，以抑制林业害虫的发展。

　　喜鹊通常在4～6月繁殖，营巢在杨、松、柏等树枝上，巢距地面7～15米，呈平台状，由细枝、麻线、纤维、兽毛等做成。每次产4～6枚卵，卵为灰白色，满布褐色斑点，孵化期17～18天，雏鸟为晚成性，双亲饲喂1个月左右方能离巢。

第五章

海鸟家族——空中的海洋天使

海鸟是一种能够适应海洋气候环境的鸟类，而无论于生活习惯、处事态度、生理运行等皆与其他鸟类大有不同。海鸟有着强烈的趋同演化，因此所有海鸟的生态职位均十分类似。而海鸟这一物种最初出现于白垩纪之时，距今有近亿年，但是与现代海鸟的关系并不大。如果论及现代海鸟的远祖，则可以追溯至古近纪时，它已有数千万年。

飞行高手——鹈鹕

中文名：鹈鹕

英文名：pelecanus

别称：塘鹅

分布区域：除南极以外所有大陆

鹈鹕又叫塘鹅，全长约180厘米，通体白色。嘴宽大，直长而尖，嘴的下面有一个与嘴等长且能伸缩的皮囊，这是它最显著的特征。鹈鹕喜欢栖息在

湖泊、江河、沿海水域，善于飞行和游泳，也善于在陆地上行走，但是不会潜水。它主要以鱼类、甲壳类、软体动物、两栖动物等为食。鹈鹕是海边常见的海洋鸟类。鹈鹕的种类不多，全世界共分布有8种，北美洲的白鹈鹕和褐鹈鹕是较典型的品种。鹈鹕是长相最奇异的鸟类之一。它们既笨拙又难看，但事实上它们是优秀的"飞行家"和"游泳家"。

　　鹈鹕配对后，双宿双飞，终生不换。它的繁殖期为每年的4～6月。每窝产卵3～4枚，卵是淡蓝色或微绿色，雌雄鸟轮流孵卵。刚出蛋壳的小鹈鹕体色为灰黑，不久之后就会长出一身浅浅的白绒毛。鹈鹕夫妻将捕获的食物吐在巢穴里，让雏鸟啄食这种半消化的鱼肉。雏鸟长大一点后，就会把头伸进父母的皮囊里，啄食里面储存的小鱼。

　　鹈鹕喜欢在野外成群活动。每天除了游泳外，鹈鹕的大部分时间都在岸上度过。此时，它们会晒太阳或耐心地梳理羽毛。鹈鹕目光十分锐利，尤其善于游泳和飞翔。鹈鹕即使在高空中飞翔时，水里的鱼儿也逃不脱它们的眼睛。如果鱼群被成群的鹈鹕发现，鹈鹕就会排成直线或半圆形进行包抄。等到把鱼群赶到河岸水浅的地方，鹈鹕就会张开大嘴，凫水前进，鱼和水都会

成为它们的囊中之物。此时，鹈鹕会快速闭上嘴巴，收缩喉囊把水挤出来，鲜美的鱼儿就会被吞入腹中。

在所有的鸟类中，鹈鹕属于身体强壮的一族。成年鹈鹕个头很大，长1.7米，展翅宽度将近3米。鹈鹕长有强壮有力的翅膀，能够轻易地把庞大的身躯送上天空。鹈鹕喜爱群居生活，它们常常成群结队地活动。每当它们开始集体捕鱼时，海岸上的人们经常能看到鹈鹕此起彼伏地从空中跳水的壮观场景。鹈鹕长着又大又长的嘴巴，嘴巴下面还长有一个很大的喉囊。成年鹈鹕的嘴巴都能长到近40厘米长，巨大的嘴巴和喉囊使鹈鹕显得头重脚轻。当鹈鹕在陆地上行走时总是摇摇摆摆，步履蹒跚。尤其是当它们捕到猎物的时候，大嘴和喉囊里装满了海水，想要浮出水面就会很困难。人们发现鹈鹕浮出水面的时候，总是尾巴先露出水面，然后才是身子和大嘴。而且，鹈鹕必须先把嘴中的海水吐出来，才能从水面起飞。

航行冠军——燕鸥

中文名：燕鸥

英文名：Gygis alba

分布区域：全球都有分布

　　燕鸥属于海鸟，燕鸥与鸥及剪嘴鸥是一个血统分支。燕鸥长着灰色或白色的羽毛，头上有黑色斑纹。燕鸥的嘴形细长，嘴峰形直，不显弧状。飞行时，燕鸥嘴端向下；它的脚短而细弱，趾间蹼也没有深凹状；尾较长，超过翅长的1/2，呈深叉状。最小的燕鸥是白额燕鸥，重42克，身长23厘米；最大的是红嘴巨燕鸥，重630克，身长53厘米。燕鸥也是一种体态优美的鸟类，其长喙和双脚都是鲜红的颜色，就像是用红玉雕刻出来的。燕鸥的生命力非常顽强，每年都要在南极和北极之间飞行数万千米。为了防范外敌入侵，它们经常成千上万只聚在一起。

　　大部分燕鸥都是要迁徙的，它们每年在北极和南极之间往返一次，行程达数万千米。燕鸥总是在两极的夏天中度过漫长的白日，而两极的夏天太阳总是不落的，因此，它们也是地球上惟一一种永远生活在光明中的生物。

　　1970年，有人捉到了一只腿上套环的燕鸥，结果发现，那个环是1936年套上去的。屈指算来，这只北极燕鸥至少已经活了34年。它在一生当中至少已经飞行了150多万千米。

　　燕鸥常在沙地里筑巢，它们的蛋上有和周围沙粒非常相似的斑纹，可以很容易地隐藏在沙地里。

　　燕鸥和普通的鸥类相比，体型稍小，喙尖，尾翼呈叉形，翅膀也更尖细。燕鸥常常身姿优雅地在海面上空盘旋，发现鱼后骤然俯冲入水中捕食。

　　北极燕鸥十分好胜，勇猛无比。虽然北极燕鸥内部经常发生争吵，甚至大打出手，但如果遇到外敌入侵，它们就会立刻尽释前嫌，一致对外。为了增强集体防御力量，它们经常成千上万只聚在一起。这使得其他小动物非常恐惧，即使强大的北极熊见了它们也要让三分。

海洋精灵——海燕

中文名: 海燕

英文名: Indian Skimmer

别称: 剪嘴鸥

分布区域: 全球热带、亚热带地区

　　海燕，在鸟类中属鹱形目，海燕科。鹱形目下的另外一个科——鹱科中的燕鹱，分为普通鹱和剪水鹱（又叫剪嘴鸥）。

　　海燕的个头一般较小，也有中等个头的。它喜欢在浅海沿岸的沙底、碎贝壳和岩礁底生活。海燕属于肉食性鸟类，以软体动物、棘皮动物及蠕虫等为食。海燕的品种繁多，有巴西马代拉海燕、夏威夷海燕、新西兰查塔姆海燕、科隆群岛黑尾海燕及非洲留尼旺岛海燕。

　　生活在北半球的海燕种类翼长、脚短、尾巴像燕子一样分开，接近海面时滑行般地飞翔，跟随着船只用喙衔取浮游生物为食。而南半球的海燕种类则是翼短、脚长，接近海面时，脚垂在海面上，像走路一样飞行，用脚捞取小鱼为食。

　　有些种类的海燕暗淡的羽毛中夹杂着白色。平时，它们在远离陆地的洋面上飞翔，寻找海上浮游的鱼类和船上抛弃下来的垃圾。繁殖季节到来的时候，它们会返回陆地，在洞穴里或者岩石和峭壁的裂缝中繁殖。它们集群繁殖，白天除了孵卵外，全部出海去，夜间再回来。雌鸟一窝一般只产下1枚卵（很少有2枚）。卵大部分为白色，常可见赤色颧黑色斑点。刚孵出的小鸟，白白的身

体，长长的嘴，比一般海鸟要小一点，但可以长到将近双亲的两倍大。

各种常见的海燕中，飞行时频繁拍动翅膀的叫虹海燕，体形较大的叫管鼻鹱（又叫暴风鹱）。高尔基就曾经深情地赞美过海燕，他说："高傲的海燕，勇敢地、自由自在地，在泛起白沫的大海上面飞翔。乌云越来越暗，越来越低，向海面直压……海燕叫喊着，飞翔着，像黑色的闪电，箭一般地穿过乌云，翅膀刮起波浪的飞沫。看吧，它飞舞着，像个精灵。"

滑翔精英——信天翁

中文名：信天翁

英文名：Albatross

别称：海鸳

分布区域：北太平洋；中国沿海各省、澎湖列岛

信天翁个头很大，体长90～95厘米。它全身白色，头顶、枕沾橙黄色，翅、肩和尾都是灰褐色，内侧翼上有白色覆羽。信天翁的外形很像海鸥。它的头大，嘴长，由许多角质片覆盖，上嘴前端屈曲向下；它长有管状的鼻，很短的脖子。信天翁的体躯非常粗壮结实，体重达7～8千克。

信天翁热恋大海，它们几乎每天都在海上翱翔。信天翁的飞行动力来自于海面上流速不同的风，它们先飞到距海面较高的空中，那里风的速度较大，借助风的力量顺风滑翔而下。由于风的作用，向下滑的速度越来越快，就在接近海面的一刹那，信天翁回转身体，逆风向上滑翔。接近海面的风要受到海浪的摩擦，较为缓和，信天翁就可以依靠惯性再一次升高到风速较大的高空，然后又回转身体顺风滑下，如此不断地循环着向下滑翔和向上腾升，它们可以毫不费力地在海面上回旋飞翔，一连几个小时都不用拍动翅膀。风越强烈，它们就飞得越洒脱自如，即使是在暴风雨中也可以前进无阻。

信天翁以毫不费力的飞翔而著称于世。它们能够跟随船只滑翔数小时而几乎不拍一下翅膀。它们为减少滑翔时肌肉的能耗而体现出来的适应性之一，便是有一片特殊的肌腱将伸展的翅膀固定。信天翁之所以成为如此完美的"滑

翔机"，与它高度适应于滑翔姿态的身体结构是分不开的。信天翁的头较大而尾巴很短。翅膀长而窄，最大的信天翁双翅展开的长度可以达到3~4米，而宽度只有0.5米。这样的结构让信天翁适宜于海面上多变的气流，做出精湛的飞行表演。人类为了征服天空，对于信天翁的飞行机理做了深入的研究，并模仿信天翁的形态制造滑翔机。但它们那种利用变化多端的气流，为飞翔提供动力的本领仍然使人们叹为观止。

信天翁虽然有如此高超的飞行本领，却常被叫做"笨鸥"。原因是信天翁的双脚并不发达，在陆上活动时显得十分笨拙。加上它们的翅膀又很长，起飞时很不方便，它们用于飞翔的肌肉主要是在展翅时起固定翅膀的作用，扑翼的力量并不大。要想在平地上起飞就必须助跑一段距离才行，要么就得选择悬崖峭壁为栖身之所，因为那里便于向下滑翔。信天翁在地面上活动如此不灵便，那它们不是很容易受到天敌的攻击吗？其实信天翁自有御敌妙法。在遇到天敌时，它们可以从胃中喷射出有强烈气味的胃油，熏退敌人，自己趁机逃之夭夭。

信天翁是出了名的食腐动物，喜食从船上扔下的废弃物。它们的食物范围很广。但经过对它们胃内成分的详细分析发现，鱼、乌贼、甲壳类动物构成了信天翁最主要的食物来源。它们主要在海面上捕食这些动物，但偶尔也会像鲣鸟一样钻入水中，深度达6米(灰头信天翁)，最深可达12米(灰背信天翁)。

信天翁有时会在夜间觅食，因为那时很多海洋有机物都浮到水面上来。有关信天翁白天和夜间觅食的比例问题，人们通过让它们吞下一个传感器的办法便可以获得详细信息。传感器位于胃中，当信天翁吞入一条从寒冷的南大洋水域中捕获的鱼时，体内温度会立刻降低，传感器便可将此记录下来。摄入的食物比例因种类而异，而这对信天翁的繁殖生物学有很大的影响。

信天翁寿命相当长，平均可存活30年。但它们繁殖较晚。虽然3～4岁时生理上就具备了繁殖能力，但实际上它们在之后的数年里并不开始繁殖，有些甚至直到15岁才进行繁殖。刚发育成熟后，幼鸟会在繁殖季节临近结束时出现在繁殖地，但时间很短；接下来的几年内它们才会花越来越多的时间上岸来寻求未来的另一半。当一对配偶关系确立下来后，通常就会一直生活在一起，直到一方死亡。"离婚"只发生在数次繁殖失败后，并且代价很大。因为它们接下来几年内都不会繁殖，直至找到新的配偶。事实上，对

于漂泊信天翁而言，一次"离婚"会导致它们的生殖成功率永久性地降低10%～20%。

大部分信天翁都群居营巢，有时成千上万对配偶将巢筑在一块。有些种类的巢为一个堆，由泥土和植物性巢材筑成，非常大，成鸟爬上去都有困难。热带的信天翁较少筑巢，加岛信天翁则根本不筑巢，它们将卵置于足部四处游荡。雄鸟在繁殖期开始时先来到群居地，然后在雌鸟加入后进行交配。孵卵任务由双方共同承担，一般为几天轮换一次。整个孵化期约为65～79天。对于刚孵化的雏鸟，亲鸟开始时主要是喂育，后来则主要是看护。在出生20天后，看护期结束，接下来成鸟只是定期回到陆地给雏鸟喂食。黑脚信天翁的雏鸟白天常常会在巢周围30米内踱步，寻找阴凉处，但只要亲鸟带着食物一到，它们立即冲回巢中。成鸟会在岸上逗留足够长的时间来辨认雏鸟，喂给它们未消化的海洋动物肉和消化猎物所产生的富含脂类的油。育雏期间，有些种类的亲鸟双方轮流到遥远的捕食区域去觅食，短则1～3天，长则5天以上。而漂泊信天翁更是令人敬佩，雄鸟往往会比雌鸟飞到更远的南方去寻找食物，因此也就要面对更寒冷的海水和暴风雨，更多的恶劣天气。因此漂泊信天翁的雄鸟无一例外地具有比雌鸟更高的翼负载(体重与翼面积之比)。

海中大盗——军舰鸟

中文名：军舰鸟

英文名：Frigate bird

别称：强盗鸟

分布区域：太平洋、印度洋的热带地区和中国广东、福建沿海及西沙、南沙群岛

　　军舰鸟是一种生活于热带地区的海鸟，雄军舰鸟最突出的特征就是它气球一样的喉囊。军舰鸟的喙长而带钩，这是它最有效的捕食工具。它不但会掳夺其他海鸟的战利品，还会拦截跃出水面的鱼类。

　　军舰鸟一般栖息在海岸边树林中，主要以鱼类、软体动物和水母为食。它白天常在海面上巡飞遨游，窥视水中猎物。一旦发现海面有鱼出现，就迅速从天而降，准确无误地抓获水中的猎物。军舰鸟有时也会到陆地上生活，吃一些鸟类。它们十分讲究卫生，每次吃完东西之后，都会降落到海面上清洗一下自己的身体。

　　军舰鸟胸肌发达，时而在轻风中翱翔，时而疾速冲向蓝天，时而又轻盈地盘旋上升。它们还会利用海面上上升的热气流，在空中展翅滑行数小时。它不仅能飞得很高，而且还能一直飞到很远的地方。即使刮大风，军舰鸟依然能够顺利地在空中飞行，然后安全降落。它的两翅展开有2～5米长，捕食时的飞行时速可达400千米左右。它不但能飞到约1200米的高度，而且还能不停地飞往离巢1600多千米的远方，最远可达4000千米左右。被称为鸟类家

族中的"飞行冠军"。

雄军舰鸟每到繁殖季节，喉囊就会变成鲜艳的红色，并且迅速膨胀起来，就像一只喜庆的"红气球"。它在雌鸟头上飞来飞去，希望引起雌鸟的注意。雌鸟会被雄鸟的热情感动，它们双双飞上枝头，开始新的幸福生活。等到雌鸟产下1枚蛋后，雄鸟的喉囊就会慢慢瘪下去，颜色也变回暗红色。

刚出壳的军舰鸟幼鸟浑身光秃秃的，眼睛都睁不开，由双亲共同哺育。大约几天后，小军舰鸟会长出一层雪白的绒毛，它们会扇动小小的翅膀，张着嘴向父母讨东西吃。这时，鸟爸爸会外出寻找大量的食物，而鸟妈妈则精心地看护幼鸟。在父母的精心照顾下，小军舰鸟长到1岁之后便可以独立生活了。

军舰鸟的翅膀虽然很大，但是它们的个头较小，腿又短又细。军舰鸟的腿很细弱，它们很难从水面上直接起飞。因此，它们不能像鹈鹕、鸬鹚那样潜入水中捕鱼。所以，军舰鸟在自己捕食时，只能捉到水面上飘着的水母、软体动物、甲壳类和一些小鱼及死鱼，很难捕捉到水下的大鱼。经过长期的演化，军舰鸟就变成了"鸟中强盗"，它们靠掠夺其他海鸟的食物来弥补自己取食能力的缺陷。白天，军舰鸟几乎总是在空中飞来飞去。如果看到其他海鸟的嘴里叼着食物，它就会发起突然进攻，凶猛地冲向目标，很多海鸟会吓得丢掉口中的食物匆忙逃跑。这时，军舰鸟马上快速地向下飞，然后一口吞下正在下落的食物。军舰鸟经常利用自身的"威慑力量"来恐吓其他海鸟。最受军舰鸟欺负的要算鲣鸟了，军舰鸟常常用大嘴叼住鲣鸟的尾部，鲣鸟疼痛难忍，不得不张嘴吐出口中的食物。这时，军舰鸟才会松开嘴，然后去"截击"鲣鸟吐出的食物。因为它有拦路抢劫的习惯，所以被称为"空中海盗"。

爱热闹之鸟——海鹦

中文名：海鹦

英文名：Puffin

别称：善知鸟

分布区域：北太平洋

　　海鹦个头很小，身长约30厘米左右。它长有一张三角形的大嘴巴，上面有一条深沟。海鹦背部的羽毛呈黑色，腹部羽毛是白色，脚是橘红色的。海鹦面部的颜色也非常鲜艳，就像鹦鹉那样美丽可爱，这也就是它名字的由来。海鹦的眼睛有非常神奇的色彩，眼睛周围的特殊图案使海鹦显得既冷峻又威武。海鹦喜欢群居生活，它们总是成千上万地聚集在一起。北寒带沿岸岛屿的峭壁和石峰上是它们筑巢居住的场所。小海鹦在这里可以得到所有长辈的保护，安全健康地成长，很少受到食肉鸟的侵袭。

　　海鹦以捕食海洋鱼类为生，有很强的生存能力。它们以群居生活，巢穴主要用作休息、睡觉和储藏自己的食物，平常在大海的上空展翅飞翔。

　　海鹦拥有像鱼一样的潜水能力，能潜入水下20多米处捕鱼，一次捕猎十几条鱼。曾有人看见一只海鹦的口中排列着60多条鱼。在空中，海鹦是强有力的飞行者，它能1分钟振翅300～400次，飞行时速高达64千米。

　　海鹦的尾部有一个分泌油脂的腺体，它们常常将腺体分泌出的油脂涂抹在羽毛上，这样可以使海鹦在飞行时减少热量的散失，此外还能使海鹦在水中穿梭自如。

　　每年的繁殖季节，雄海鹦的喙就由原来的灰白色变成绚丽的彩色，以此来取悦雌海鹦。海鹦每窝只产一个呈梨形的蛋。海鹦的蛋像不倒翁似的重心在下方，所以当海风吹来时，它可以原地转动，而不会摔破。蛋的孵化期为40～43天，由雌雄海鹦交替孵化。当小海鹦出世后，它的父母轮流捕食，共同承担养育它的责任。

　　海鹦的群居生活极具集体主义精神。无论是在迁徙中，还是在栖息地，它们总是三五成群的统一行动。它们这样做是一种有效的自卫行为，以此向其他动物显示其庞大群体的威力，并标志其栖息地的范围，告诫其他海鸟不得入侵其领地。如果有凶恶的海鸥入侵，鸟群会发出一片警告声。随后便三五成群地盘旋而起，最后形成一个飞快旋转的椭圆状队形，采用"人海战术"，将入侵者弄得晕头转向，难以找到进攻的突破口，最终只能选择放弃。

潜水之王——海鸠

中文名：海鸠

英文名：Guillemot

别称：海鸽

分布范围：太平洋、大西洋北部

　　海鸠生活在太平洋、大西洋北部，善潜水捕鱼，繁殖时期才上岸。繁殖时选择悬崖边缘，一般每次产卵1枚。我国可见的扁嘴海雀，也叫"短嘴海鸠"。

　　成年海鸠身长大约40厘米左右，常常会潜入海水30～50米以捕获小鱼。随着深度的增加，海水的压力越来越大，在89米深的大海里，每平方米的横截面积受到的压力比在海面时大近90吨。海鸠潜入深海中除了要具备发达的呼吸系统之外，还要具有特殊的身体结构以抵抗海水的超大压力。

　　海鸠并不是在鸟类中潜水最深的一员，有种海雀潜水深度可达192米，而南极的帝企鹅潜水深度可达483米。

　　海鸠所产的蛋比起鸡蛋来，更不像球形。海鸠蛋的形状很像一只陀螺，其动力学结构使之滚动时不会直线滚走，而是紧绕着环形滚动。与筑巢鸟相比，海鸠就像一个冒失鬼，它摒弃鸟巢，把陀螺形的鸟蛋直接产在海岸边光滑的悬崖边缘上，这是海鸠的幸运。

　　生活在太平洋沿岸地区的海鸠，生着短尾，翅膀又窄又短，天生是一个游泳好手。它们以鱼类和海生甲壳动物为食，也会产下"不倒翁"。这种"不

倒翁"就是它们的蛋。

海鸠在海边岩石上筑窝,那儿的风特别大,足以刮跑鸟蛋。而海鸠每次只产1个蛋,要是这个蛋被刮跑,海鸠岂不就要绝种!

对付狂风海鸠自有办法。它们将蛋产在峭壁上,狂风吹来,海鸠蛋只会原地滴溜溜地打转,而绝不会被风刮跑。因为海鸠蛋的重心极低,样子极像不倒翁。也许,我们人类的祖先在制造不倒翁的时候,正是受到了这类鸟蛋的启发。

无理强盗——贼鸥

中文名：贼鸥

英文名：Catharacta

别称：猎鸥

分布区域：南极附近

在南极附近有一种臭名昭著的鸟，尽管它们长相并不十分难看，褐色洁净的羽毛，黑得发亮的粗喙以及炯炯有神的圆眼睛，乍一看起来还有些美丽。但它们惯于偷盗抢劫的行为却十分令人讨厌，把它们称作"空中强盗"一点也不过分。它们像强盗一样四处横行，不惜掠夺和偷窃，经常给其他的鸟类带来麻烦，它们的名字叫贼鸥。

贼鸥从小便有恶行，先出生的贼鸥欺负起弟弟妹妹来一点也不顾及手足之情，直至将弟弟妹妹赶出家门，独享父母的宠爱和美食。长大之后的贼鸥更是懒惰成性，时不时就要偷抢别的鸟的食物。因为贼鸥实在是太懒了，对食物的要求也不高，鱼、虾、鸟蛋、幼鸟、海豹的尸体和鸟兽的粪便等都是它的美餐，就连人类丢弃的剩余饭菜和垃圾也可以成为它的美味佳肴。

贼鸥很霸道，虽然会自己捕鱼，但更喜欢偷抢其他鸟类的食物。除此之外，贼鸥常常偷走企鹅的蛋。到了企鹅繁殖的季节，它们便早早地盯上了企鹅群，总是在大企鹅不注意的时候叼走企鹅蛋，或者是袭击出生没多久的企鹅。每次贼鸥来袭，都使得企鹅紧张万分，在企鹅群中引起一阵不小的骚动。在猎食小企鹅时，贼鸥有足够的耐心和技巧。它会用几天的时间暗中观察一只生病的小企鹅，并找准时机下手。大企鹅当然不会眼睁睁地看着强盗把孩子从身边夺走，必然要奋力反击。这时候，贼鸥一边与大企鹅周旋，一边盯住小企鹅，只要小企鹅惊慌之下与父母走散了，它就会立即跟上，三下五除二将小企鹅掳走。

贼鸥的巢穴也是偷抢过来的。懒惰的贼鸥不愿意自己劳心费神地去搭窝，而是明目张胆地跑到其他鸟类家里，把正牌的主人赶走，自己恬不知耻安安稳稳地住下。一旦它住定了这里，就会有强烈的领地意识。尤其对靠近巢穴的人类怀有强烈的敌意，大声喧闹赶走人类，飞到空中向人俯冲下来，狠狠地用爪抓，用喙啄，甚至在人头上拉屎。这时候要避开贼鸥的攻击，就只能用衣服把头蒙起来，迅速避开了。

在偷抢人类的食物时，它们不会有丝毫客气。如果它们发现有人随身携带了野餐食品，就会一直跟着，一有机会就立即俯冲下来叼走，而人们遇到这种情况也是无可奈何。饥饿之时，它们甚至会钻进科学考察站的食品库，大吃特吃，吃完后还要把能带走的食品再带走一部分，十分可恶。

　　贼鸥的飞行能力很强，可能是出于长期行盗锻炼出来的能力吧。据悉，南极的贼鸥能飞到北极，并在那里生活。在南极的冬季，有少量的贼鸥在亚南极南部的岛屿上越冬。中国南极长城站附近就是它的越冬地之一，那里到处盖满冰雪，不仅在夏季裸露的那些土地被雪覆盖，而且大片的海洋也被冻结。这个时候，贼鸥的生活更加困难，没有巢居住，没有食物吃，也不能高飞窃食，就懒洋洋地待在考察站附近，靠吃观察站的垃圾为食，被人们称为"义务清洁工"。

鸥中神话——遗鸥

中文名：遗鸥

英文名：Relict Gull

分布区域：欧亚大陆、非洲北部、中国的东南沿海地区以及中南半岛

遗鸥个头稍大，体长约46厘米。它长有暗红色的嘴和脚，虹膜为黑色，眼上下各有一马蹄形白斑。雌雄遗鸥鸟的羽色十分相近。夏羽头和颈上部呈黑色，上背和两翅的羽毛为珠红色外，其余部分为白色。冬羽头、颈部均为白色，但在头顶、眼后则长有黑色斑块。

在所有的鸟类中，遗鸥是被人类认知最晚的鸟之一。1929年4月，郎贝尔在内蒙古西部戈壁中的弱水下游第一次采集到遗鸥的标本。关于该物种能否成立，鸟类学界曾有过很大的分歧：有人认为遗鸥是棕头鸥和渔鸥的杂交类型，有人则认为遗鸥是棕头鸥的变种。1971年，阿乌埃佐夫根据在哈萨克斯坦阿拉湖采集到的多个标本，才将遗鸥确定为独立种，这得到了国际鸟类学界的广泛承认。

遗鸥的繁殖地为干旱地区的湖泊。湖区生态环境单调而严酷，多为荒漠、半荒漠景观，或干草原中的沙带。湖水盐碱度较高，酸碱值达8.5～10.0，使多数植物难以生存，因而湖中水生植物甚少。遗鸥选择这种极为恶劣的生态环境孵儿育女，是其长期生存竞争的结果。也正是这种人烟稀少、荒凉偏僻的环境，使这种濒危珍稀鸟类的种族得以延续至今。

遗鸥的巢穴经常筑在人畜难至的湖心岛上，可见，遗鸥对营巢地的选择

甚为严格。迄今为止，在地球上发现的遗鸥巢都在湖中的岛上。湖心岛的中央部位，裸露而多石子的地面是首选巢址。早迁到达的遗鸥的巢造得较为精致，先用嘴和脚在地面上掘出2～3厘米深的浅坑，然后摆放锦鸡儿、白刺等灌木细枝，内铺禾草类、蒿类绒草和羽毛，并在巢外围加一圈小石子固定。后迁来者搭建的巢往往相当简陋，有的只为一浅穴，内垫灌木枝叶和杂草。雌雄亲鸟共同筑巢，多由雄鸟外出取材，衔回后交由雌鸟编筑。"夫妻"共同协作、齐心合力，为它们的卵和雏鸟建造一个舒适的"家"而不辞辛劳。

遗鸥成群营巢繁殖。在适宜的营巢地往往是巢连着巢，巢间距最近仅6~7厘米。如鄂尔多斯桃力庙一阿拉善湾海子仅有的4个湖心岛，总面积不过13958平方米，1998年统计到的遗鸥巢就多达4879个，平均每2.86平方米的地面上就有1个巢。这种营建群巢的现象，既是对自然界内适宜巢址不足的适应，也是一种互利的集体安全体系。在孵化后期和育雏期间，集体护巢行为尤为突出。如有人或天敌接近巢区，成千上万只亲鸟几乎倾巢而出，在巢区上空狂飞乱舞，大声惊叫，有的不顾一切地向下俯冲，有的居高临下排粪便对付入侵者。这种集群水鸟的集体护卫本能对其种族的发展甚为有利。

遗鸥每窝产卵2~3枚，通常隔日产1枚卵。卵色灰绿，缀以大小不等的棕

色或黑色点斑。卵重平均约48克，卵大小为59×43毫米。产下第一枚卵后，亲鸟就开始坐巢孵化，孵化期为24～26天。雌雄鸟共同承担孵化任务，轮流坐巢，每日换孵四五次。孵化初期，极怕惊吓，如有人为干扰或猛禽等天敌入侵，往往导致弃巢；进入孵化中期以后，又十分恋巢，甚至主动攻击"入侵者"。由于遗鸥边产卵边孵化，因此同巢雏鸟不能同日孵出，大多为隔日。雏鸟为半早成性，孵出后不能立即活动，需亲鸟反哺数日，10天后可由双亲带领下水活动觅食。遗鸥雏鸟的生长发育很快，75天左右体重就达550克，与成鸟的体重相差无几。

　　遗鸥以动物性食物为主，属于杂食性鸟类，食物主要有甲壳类、线形动物、摇蚊科幼虫、甲虫等。在繁殖期，遗鸥仍以动物性食物为食。因此，遗鸥对消灭害虫，控制湖区及附近草地害虫的数量起着重要作用。

第六章

异彩纷呈——其他鸟类家族

在大自然中，鸟类世界真可谓异彩纷呈、妙趣无穷。无论是陆地、海洋、高山，还是河谷、城镇、密林，到处都有鸟类的存在。世界上的鸟类是陆栖脊椎动物中一个最繁盛的大家族，它们的总类比哺乳动物多一倍。它们有的善于游泳、有的善于奔跑。总之，每种鸟类都有属于自己的生存本领。

高雅的天使——天鹅

中文名：天鹅

英文名：Whooper Swan

别称：鹄

分布区域：格陵兰、北欧、亚洲北部、中欧、中亚；中国

天鹅是雁亚科中最大的水禽，属于雁形目，鸭科。最大的天鹅身长达1.5米，体重超过6千克。天鹅有8种，其中有5种栖息于北半球，体色大多为白色，脚黑色。在澳洲，栖息着黑天鹅。天鹅的种类中，既有个头较小的，也有个头较大的，其姿态也各不相同。如小天鹅婀娜多姿，大天鹅悠然自得，疣鼻天鹅体形庞大。天鹅全身长着白色的羽毛，黑色的嘴巴，上嘴部至鼻孔部为黄色。天鹅的头颈很长，能达体长的一半。游泳时，天鹅会伸长脖颈，两翅贴伏。

天鹅颈很长，体健壮，脚大。当它在水中滑行时，神态显得很庄重；当它飞翔时，就会前伸长颈，缓慢地扇动双翅。越冬迁飞时，天鹅就会在高空组成斜线队列前进。除了繁殖期，其余的时间天鹅会成群生活在一起。雌雄天鹅结成终生配偶，其求偶行为包括以喙相碰或以头相靠。孵卵任务由雌天鹅担当，雄天鹅在附近警戒，以防敌害来袭。有些种类的雄天鹅也替换孵卵。天鹅的幼雏颈短，绒毛稠密，出壳几小时后便能跑和游泳，但双亲仍精心照料数月。有的种类的幼雏可伏在父母的背上。未成年天鹅的羽毛为灰色或褐色，有杂纹，直至2岁以上才会转变，第三年或第四年才达到性成熟。自然界

中，天鹅能活20年，人工饲养可达50年以上。

天鹅主要以水生植物的种子、根茎、叶子和杂草的种子为食，也啄食少量的水生昆虫、软体动物和蚯蚓等。它们的嘴部强大，掘食的本领很高，能挖食埋藏在淤泥下半米左右的食物。

天鹅中的大天鹅是一种大型游禽，又叫"黄嘴天鹅""咳声天鹅""喇叭天鹅"，体长可达120～160厘米，体重6.5～12千克。大天鹅全身长有纯白色的羽毛，只有头部和嘴的基部略显棕黄色，大天鹅嘴的端部和脚为黑色。身体肥胖而丰满。在所有的鸟类中，大天鹅脖子的长度占身体长度的比例最大，甚至超过了体长；其腿部较短，脚上有蹼。游泳前进时，腿和脚折叠在一起，以减少阻力；向后推水时，脚上的蹼全部张开，形成一个类似船桨的表面，交替划水。它们还常常用尾脂腺分泌的油脂涂抹羽毛，用来防水。大天鹅栖息于开阔的、水草繁茂的浅水区。大部分时间过着典型的群居生活，只有在繁殖期的时候才会分开。它是一种候鸟，一般在北方进行繁殖，在南方越冬。在迁徙的过程中，大天鹅往往以小家族为单位，在高空中排着整齐的队伍飞行，时而成"人"字，时而成"V"字，时而成"一"字。在飞行中，大天鹅会边飞翔边歌唱，歌声虽然单调却很响亮，极似喇叭的声音。值得一提的是，大天鹅是世界上飞得最高的鸟类之一，曾经有人观察发现，大天鹅能够飞越世界屋脊——珠穆朗玛峰，以此计算，它的飞行高度应该在9000米以上，否则的话它肯定会命丧冰崖。

大天鹅多栖息在苇草茂盛的大型湖泊、池塘和沼泽地带，以水生植物为食，也吃水生昆虫和软体动物。每年的5～6月是它们的繁殖季节，它们巢筑于干燥的地面或浅滩的芦苇间，每窝产卵4～6枚，卵壳为白色或象牙色，孵卵期为35～40天。

在天鹅的世界里，还保持着罕见的"终身伴侣制"。两只天鹅一旦结为伉俪，就会形影不离、终生不渝，即便一方去世，另一方也会孤独终老，信守当初的"海誓山盟"。筑巢产卵，和所有的鸟类一样，繁殖下一代也是天鹅夫妇的职责所在。雌天鹅产卵后，便开始了全职妈妈的生活，雄天鹅则充当了模范丈夫的角色。它会辛勤地捕食鱼虾为雌天鹅补充营养，它会像大将军一样雄赳赳气昂昂地巡视领地，防止外敌的入侵。一旦遇敌入侵，原本怯懦的天鹅也会变得异常勇猛，拍打着翅膀上前阻挡入侵者，同对手搏斗。雌天鹅在这个时候会隐藏好自己的卵并到另一个地方躲起来。当入侵者被赶走之后，一场危机烟消云散，它们的生活才又恢复往日的平静。

　　由于天鹅的体形优美，所以在人们心目中成为美好、纯真、高洁的象征。古往今来，许多文学家和艺术家都把它作为赞赏和讴歌的对象。著名芭蕾舞剧《天鹅湖》和天鹅名雕等，在世界各地都有很大影响。

南来北往——大雁

中文名：大雁

英文名：wild goose

别称：野鹅

分布区域：西伯利亚；中国南部和北部

　　大雁是一种大型游禽，属鸟纲，鸭科，是雁亚科各种类的通称。大雁外形略似家鹅，有的大雁个头较小。大雁嘴宽而厚，嘴甲很宽阔，啮缘长着较钝的栉状突起。雌雄大雁羽色很相似，多数羽毛呈淡灰褐色，有斑纹。

　　大雁喜欢在水边群居，往往千百成群。夜宿时，有些大雁在周围专门负责警戒，如果遇到敌害袭击，就会鸣叫报警。大雁以嫩叶、细根、种子为食，有时也啄食农田谷物。每年春分后，大雁就飞回北方繁殖，秋分后飞往南方越冬。大雁飞行时，常常排成"一"字形或"人"字形，因此，人们就把它称为"雁"字，又因为大雁飞行时行列整齐，人们就把它叫做"雁阵"。大雁的飞行路线一般是笔直的。中国常见的大雁有鸿雁、豆雁、白额雁等。雁队常由6只或6只以上的大雁组成。人们认为，雁群是一些家庭，或者说是一些家庭的聚合体。世界上的候鸟，不管是白天飞行的，或者是夜间飞行的，它们都有一种特殊的导航本领，所以它们在年复一年的迁飞活动中，都能准确无误地到达目的地，而不会迷失方向。

　　每当秋冬季节，它们就从老家西伯利亚一带，成群结队、浩浩荡荡地飞到我国的南方过冬。第二年春天，它们经过长途旅行，回到西伯利亚产蛋繁殖。大雁的飞行速度很快，每小时能飞68～90千米，几千千米的漫长旅途得

飞上一两个月。

　　大雁在旅行的途中，经常会选择湖泊等较大的水域休息，捕捉鱼、虾和水草等食物。雁群队伍组织得十分严密，它们一边飞着，还一边不断地发出"嘎、嘎"的叫声。大雁的这种高声鸣叫可以起到互相照顾、呼唤、起飞和停歇等作用。数百只大雁经常汇成一群一起迁飞，场面蔚为壮观。但一般不易见到。因为雁是一种夜行鸟，迁飞大多在下半夜到清晨以每小时70～90千米的速度赶路。另外，雁的飞行常在500～1000米的高度，就更不容易看到。

　　大雁之所以保持严格整齐的队形，是为了节省飞行中需要的力气。最前面的大雁拍打几下翅膀，就会有一股上升气流产生，后面的大雁可以利用这股气流，飞得更快、更省力。就这样，一只大雁跟着一只大雁，大雁群自然地就排成了整齐的"人"字形或"一"字形。

　　另外，大雁整齐的队伍形状，也表现了它们的集群本能。因为这样对防御敌害有很大帮助。经验丰富的老雁，往往会担任雁群的"队长"，飞在队伍的前面。在迁飞中，带队的大雁体力消耗很大，因而它需要经常与别的大雁交换位置。幼鸟和体弱的鸟，大都插在队伍的中间。停歇在水边找食水草时，总由一只有经验的老雁担任哨兵。如果有离群的大雁，就有被敌害吃掉的危险。科学家发现，大雁排队飞行，可以减少后边大雁的空气阻力。这启发运动员在长跑比赛时，要紧随在领头队员的后面。

爱情的象征——相思鸟

中文名：相思鸟

别称：夜莺

分布区域：从喜马拉雅地区到印度支那，曾引入到夏威夷

相思鸟属雀形目，画眉科，主要分布在我国的华中、华南等地。我国有红嘴相思鸟和银耳相思鸟两种。这种鸣禽体形纤小，羽色美丽，鸣声动听。相思鸟主要吃毛虫、甲虫，也吃一些种子、草籽和野果。人们常把相思鸟作为爱情的象征。

从外在的形态上看，相思鸟的体形比麻雀稍大，体长约15厘米，体重约23克。上体橄榄绿色，喉部金黄色，胸部赤橙色，腹部白色。翅膀上有红色和黄色的翼斑，头上有白色的眼圈，鲜红的嘴格外明显，腿呈绿黄色。就在它那仅有15厘米长的体躯上，汇集了六七种鲜艳的羽色，真是小巧玲珑、漂亮无比。所以我们说，相思鸟在鸣禽类中最为美丽。

我国有两种相思鸟，一种是产于广西南部等地的银耳相思鸟，它的头顶是黑色的，有绯红色的翼斑，雄鸟颏喉呈鲜艳的朱红色，下体余部浅橘黄色，尾上复羽和尾下复羽绯红。雌鸟颏喉部为深黄色，尾下复羽肉桂色。另一种是广泛分布在华东、中南和西南各省的红嘴相思鸟。一般常说的相思鸟指的就是这种。

相思鸟在4月下旬开始繁殖，巢呈杯状，是用树皮、竹叶及苔藓构成的，内垫些细草等柔软物质。巢多悬挂在树林及竹林的下层，距地面大约0.5～1

米。每窝产卵3～5枚，呈白色或浅绿蓝色。

从生物习性上看，相思鸟活泼可爱，常活动在海拔2000米左右的山地，栖息于常绿阔叶林和竹林中。清晨，温暖的阳光照射在丛林内，相思鸟从朦胧的睡梦中醒来，振翅抖羽，显得格外精神。它们在树丛中穿飞，在枝杈间跳跃，昂首高歌，那响亮的鸣叫声在山林中久久回荡。它们喜欢结群活动，或雌雄一起翩翩飞舞，形影不离，因此有人说它们是"相亲相爱"的鸟。

相思鸟由于羽色美丽，体态小巧，叫声悦耳而深受人们的喜爱，是一种名贵的观赏鸟。它是我国的特产鸟，每年都有几万只出口，受到国外客商的欢迎。目前相思鸟的数量还不算太少，尚未列入保护动物之中，但也应该注意保护，和加强人工繁殖。

恩爱夫妻——鸳鸯

中文名：鸳鸯

英文名：mandarin duck

别称：官鸭、匹鸟、邓木鸟

分布区域：中国东北、华南地区

　　鸳鸯是一种中等个头的水鸟，体长38～45厘米，雄鸟和雌鸟的羽色有很大差异。雄鸟的羽毛鲜艳华丽，额和头顶的中央闪烁着绿光，头后长着高耸的羽冠，呈棕红色、绿色、白色。鸳鸯眼后有长有白色的眉纹，上胸和胸侧则是富有光泽的紫褐色，腹部为白色，肩部长有白色镶着黑边的羽毛。最为奇特的是，鸳鸯翅膀上有一对栗黄色的扇子状的直立羽屏，前半部镶以棕色，后半部镶以黑色，如同一对精致的船帆，被人们称作"剑羽"或"相思羽"。雌鸟比雄鸟略小，没有羽冠和扇状直立羽，头部为灰色，背部羽毛都呈灰褐色，腹面白色，显得清秀而素净。

　　鸳鸯有很强的飞行本领。它生性机警，极善隐蔽。在饱餐之后，鸳鸯就要返回栖居之处。这时，常常先有一对鸳鸯在栖居地的上空盘旋侦察，在确认没有危险后，大群的鸳鸯才会一起落下歇息。如果发现敌情，鸳鸯就会发出"哦儿，哦儿"的报警声，一起迅速逃离险境。

　　鸳鸯是杂食性的动物，食物包括植物的根、茎、叶、种子，还有蚊子、蝗虫、甲虫等各种昆虫和幼虫，以及小鱼、蛙、虾、蜗牛、蜘蛛等动物。食物的种类常随季节和栖息地的不同而有变化，繁殖季节以动物性食物为主，冬季的食物几乎都是栎树等植物的坚果。

　　鸳鸯一般栖息在针叶和阔叶混交林及附近的溪流、沼泽、芦苇塘和湖泊等处，它们喜欢成群活动，有时也同野鸭一块活动。每天晨雾还没有散尽的时候，鸳鸯就从夜晚栖息的丛林中飞了出来，在水塘边聚集，游弋在有树荫或芦苇丛的水面上捕捉食物，然后再飞到树林中去觅食。1～2个小时后，鸳鸯就会回到河滩或水塘附近的树枝或岩石上，开始休息。它们戏水时伸头曲颈，在水上随波逐流，有时也用两翼击水，上下翻腾，拍出亮晶晶的水花。傍晚时飞回到离水域不远的河边树丛中或土坑、岩洞里去睡觉。睡觉时将头插在翅膀下边，用一只脚站立，有时还会在水面上漂浮时打盹。

　　每年早春2月，鸳鸯就开始寻找配偶。找到"知音"以后，鸳鸯就成对在水田或栎树林中活动，有时，它们也到水塘中活动。4月，它们就会迫不及待地飞过平原和高山，千里迢迢地来到繁殖地。此时，北方的积雪还没有完全融化。鸳鸯一到繁殖地，立刻就开始营巢。它们的巢大都筑在老龄的水曲柳、大青杨等大树的树洞里，由于树洞离地面很高，一般为10～18米。洞内垫着木屑，上面铺有亲鸟的绒羽。5月末，鸳鸯开始产卵，每窝卵有7～12枚，淡黄绿色，孵化期为28～29天，雌鸟承担孵卵任务。

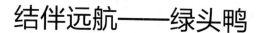
结伴远航——绿头鸭

中文名：绿头鸭

英文名：Mallard

别称：大红腿鸭，官鸭，对鸭，大麻

分布区域：北美地区、欧亚大陆及非洲北部、印度次大陆；中国的西南地区

绿头鸭是我国北方一种常见的野鸭，因雄鸭头颈部披亮绿色的羽毛而得名。绿头鸭既会游泳，又善飞行。它们每年夏季生活在北方的沼泽地区，产卵育儿。一到秋天，就陆续南移越冬。野鸭成群结队，有时密集的鸭群掠空而过，好似一片乌云遮蔽天空。来年春暖花开时，又从南方的越冬地返回北方故里。

绿头鸭身长51～62厘米，翼展81～98厘米，体重850～1400克，寿命29年。雄鸭的头和颈呈绿色而带金属光泽，尾部中央有4枚尾羽向上卷曲如钩。雄鸭上体大都暗灰褐色，下体灰白，白色的颈环分隔着黑绿色的头和栗色的胸部，翼镜紫色，尾羽白色，正中4枚黑色，其末端上曲如钩。雌鸭背面黑褐色并杂以浅棕红色的宽边；腹面暖棕红色，且散布褐色斑点，尾羽不卷曲。雌鸟褐色斑驳，有深色的贯眼纹。绿头鸭为杂食性，主食各种杂草种子、茎根、兼吃昆虫、软体动物和蠕虫等。淡水湖畔，经常生活着绿头鸭。在江河、湖泊、水库、海湾和沿海滩涂盐场的芦苇丛中，也有栖息的绿头鸭。绿头鸭冬季多喜欢在水边沼泽地区的野草丛间集群活动。它们平时漂浮在水面上，在水下觅食。绿头鸭以植物为主食，偶尔也吃动物性食物。鸭脚趾间有

蹼，但很少潜水，游泳时尾露出水面，善于在水中觅食、戏水和求偶交配。

每年初春至初夏，是绿头鸭的繁殖期。绿头鸭用植物草茎做成一个碗形巢，鸭巢高于附近的水泽，隐藏在水草丛中。绿头鸭一窝产8～11枚卵，卵呈白色并显淡绿色，卵重48～58克，其孵化期为30天。初生雏鸭体重为25～28克。幼鸭49天离巢，通常由雌鸭单独孵化，孵化后依然由雌鸭照顾，小鸭跟随雌鸭身后觅食。

令人感到奇怪的是：美国生物学家经过研究发现，绿头鸭能够控制大脑保持睡眠或清醒。也就是说，在睡眠时，绿头鸭可睁一只眼闭一只眼。这是迄今为止，人们发现的动物可控制睡眠状态的首例证据。科学家指出，绿头鸭等鸟类所具备的这种半睡半醒习性，有助于它们在危险的环境中逃脱敌害。

有关绿头鸭睡眠习性的研究结果还表明，位于鸭群最边上的绿头鸭，睡眠时可保持朝向鸭群外侧的一只眼睛处于睁开状态，这种状态的持续时间，会随着周围危险性的上升而增加。

陆上最大的鸟——鸵鸟

中文名：鸵鸟

英文名：Ostrich

分布区域：从塞内加尔到埃塞俄比亚的非洲东部沙漠地带和荒漠草原

鸵鸟是一种大型鸟中走禽，身高可达2.5米，体重约150千克左右，颈长约占身高的一半，是现存鸟类中体形最大的一种。鸵鸟主要分布于非洲和阿拉伯半岛的草原和沙漠里，因此被称为"非洲鸵鸟"。鸵鸟的体羽多为黑色，翼和尾羽都很小，嘴由数片角鞘构成，腿长有力，善于奔跑、跳跃。鸵鸟喜欢群居，以植物的茎、叶、种子、果实及昆虫、蠕虫、小型鸟类和爬行动物等为食。鸵鸟虽长有一对翅膀，却不能飞翔，但能以极快的速度奔跑，以躲避敌人的追击。鸵鸟的两腿粗壮有力，脚掌仅有两趾，一大一小，大趾发达，脚底还生有肉垫，极适宜奔跑。鸵鸟奔跑时一步可跨3米，一跃可达3.5米，最快时速可达70千米左右，在沙漠上可健步如飞。其奔跑耐力也相当惊人，可连续奔跑半小时以上。在全速奔跑时，它们会利用短小的羽翼把握平衡。此外，它们还可以高速跃起，可跃过高达3米的障碍物。

鸵鸟习惯于群居，常40～50只一起生活。睡觉时，它们将脖子伸直搁在地上，两腿后伸。这时候，通常会有一只鸵鸟站岗值班，只要一有情况，值班鸵鸟就立即发出信号，而其余正在睡觉的鸵鸟就会一跃而起，迅速逃走。每到繁殖季节，雄鸵鸟会和3~5只雌鸵鸟同窝而住，如果有外来者入侵，雄鸵鸟会发出愤怒的吼声或嘶嘶声驱赶来犯者。它们常在地面上掘浅坑为窝，一窝可产15～60枚白色的、亮晶晶的蛋。鸵鸟蛋晚上由雄鸟坐着看守，白

天再轮到雌鸟。小鸵鸟在40天后孵化出壳，过几个月，它们就可以和成鸟一起奔跑了。

鸵鸟性情温驯，常常被人类驯养做各种工作，如耕田、驮东西、送信等，还可以当马骑。在南非的一所监狱农场里，有一只身高约2.4米、重135千克的大鸵鸟。这只鸵鸟作为一名牧羊者，看守着数百头羊，时间长达3年之久，其间连一只羊也没有丢失过。没有一个偷羊贼敢去激怒它，因为一只被激怒的鸵鸟一脚便可将人的肋骨踢断，而它那锋利的脚爪则能轻易地将人的腹腔抓开。

威武的斗士——褐马鸡

中文名：褐马鸡

别称：褐鸟、角鸡

分布区域：我国山西吕梁山，河北西北部

褐马鸡为鸟纲、雉科，属大型鸡类。褐马鸡和大熊猫、朱鹮一样，是只有中国才有的动物，被列入国家一级重点保护野生动物。鉴于此，中国鸟类学会把褐马鸡作为会标，山西省已将褐马鸡定为省鸟。褐马鸡只分布在陕西、山西、河北、北京等地。

褐马鸡全长96厘米左右。整个身体非常漂亮，它们的体羽主要为浓褐色；头部和颈部灰黑色；耳羽簇白色，短角状；脸部裸皮鲜红色；飞羽浅棕褐色；腰和尾羽基部白色，尾羽特长，末端转黑，中央尾羽特长而上翘，羽枝披散下垂如散发状；嘴粉红色；脚珊瑚红色。它们栖息于林中多草灌丛或乔木地段，夜宿多叶树枝上。以松、橡种子及植物的叶芽、嫩枝等为食。筑巢于松、桦林或灌丛间的地面凹陷处。每窝产卵6～8枚，卵色不一，以淡褐色、淡青色为主。孵卵期24～25天。

褐马鸡的羽毛非常珍贵。在清代，人们常以褐马鸡的尾羽佩戴在衣冠上，作为官员品级高低的标志。那时，一对褐马鸡在欧洲市场上可售银币千元以上。随着人们对褐马鸡的捕杀，其生存环境开始遭到破坏，到了近代，人们普遍以为褐马鸡已经灭绝。1965年，我国在山西境内首次发现褐马鸡。随着国家退耕还林政策的实施，目前在山西、河北、北京和陕西发现的褐马鸡数量接近一万只，仅仅陕西黄龙山林区就发现3000多只，韩城雷寺庄林区发现一个1000多只的种群。这个巨大的惊喜也使得人们十分欣慰，开始思考怎样才能更好地保护褐马鸡。

下面这个故事或许能够体现人们是怎么与褐马鸡和谐相处的。

据说：黄龙县红石崖后塔村一位村民在山上挖药时，发现一只野猫正在吃一窝鸟蛋，他赶走野猫，把剩余的8枚鸟蛋拿回去让家鸡孵化。原以为是野鸡蛋，小鸡长出新羽毛后，人们才辨认出是褐马鸡。这几只褐马鸡除同家鸡一起觅食外，还喜欢吃主人家放了调料的面条。褐马鸡白天在他家觅食，晚上就上到门前的杏树上栖息，与家禽和睦相处，亲如一家。

看来，只要人类有爱心，地球上的生物一定会和人类建立起一种和谐的关系，成为朋友。

和平使者——鸽子

中文名：鸽子

英文名：Pigeon

分布区域：除地球南北两极外各地均有分布

鸽子是一种常见的鸟，在世界各地都广泛分布。我们平常所看到的鸽子只是鸽属中的一种，大多数都是家鸽。鸽子和人类生活已经有千年之久的历史了，据记载考古学家发现的第一幅鸽子图像，来源于公元前3000年的美索不达米亚（现在的伊拉克）。

鸽子具有长长的翅膀，强健的飞行肌肉，所以它们的飞行速度很快。鸽类雌雄终生配对，若其中一只死亡，另一只过很长时间才接受新的配偶。鸽子喜欢栖息在高大建筑物上或山岩峭壁上，它们常数十只结群活动，在低处以高速飞行。鸽子经常在地上或树上寻觅种子和果实，在山崖岩缝中用干草和小枝条筑巢。巢平盘状，中央稍凹，一般每窝产卵2枚，鸽子卵呈白色。家鸽就是由原鸽驯化的。它的同类野鸽，分布于欧洲、非洲北部和中亚地区，中国见于新疆维吾尔自治区北部、西部和中部。鸽子个头不大，体长295～360毫米；它的头、颈、胸和上背长着石板灰色的羽毛；在鸽子的上背和前胸，闪耀着金属绿和紫色的光泽。鸽子背的其余部分为淡灰色；翅膀上各分布着一黑色横斑；鸽子的尾羽也是石板灰色，其末端为宽的黑色横斑。雌雄鸽子相似。鸽子的体形都很丰满，喙小，性情温顺。鸽子行走时高视阔步，并伴有特征性的点头动作。

　　鸽子分为野鸽和家鸽两种。野鸽有岩栖和树栖两类。家鸽经过长期的培育和筛选，出现了食用鸽、玩赏鸽、竞翔鸽、军用鸽和实验鸽。在公元前3000年的埃及王朝，其第五代就有关于养鸽的记载。中国有着悠久的养鸽历史。据四川芦山县汉墓出土陶镂房上的鸽棚推断，最迟在公元206年民意已有养鸽之风。当今世界各大洲都有各自的野生鸽和家养鸽。人们对鸽子的分种统计并不是完全相同的。在日本《动物的大世界百科》中，记载着5个种群，250种鸽子；而日本《万有大事典》中，记载有鸠鸽科的鸟类则多达550种。由野生原鸽进化到多种多样的家鸽，足以说明今天的家鸽是一种多源性的生物产物。

　　鸽子种类中最有名的是信鸽。信鸽就是人们平时所说的"通信鸽"。信鸽的应用范围很广，包括航海通信、商业通信、新闻通信、军事通信、民间通信等。古罗马人很早就开始利用鸽子归巢的本能，在体育竞赛过程中或结束时，通常放飞鸽子进行庆典或宣布胜利。古埃及的渔民在每次出海捕鱼时，都会带上鸽子，以便传递求救信号和渔汛消息。到19世纪初叶，人们对鸽子的利用更为广泛，在人类的军事冲突史中，它是最早并最多较力于主人的。

　　著名的滑铁卢战役的结果就是由信鸽传递到罗瑟希尔德斯的。在今天，信鸽被用于隐蔽通讯、海陆联系，森林防御等。人们利用鸽子归巢的性能，先后把信鸽用于通信和比赛，一直沿用着信鸽这个名称。信鸽已不再局限于"通讯"，而现在所说的信鸽，主要指用于飞翔竞赛的鸽子。